[著] 廣見 勉

三和書籍

ケイ酸の効果を可視化するシステム
ナノサイト

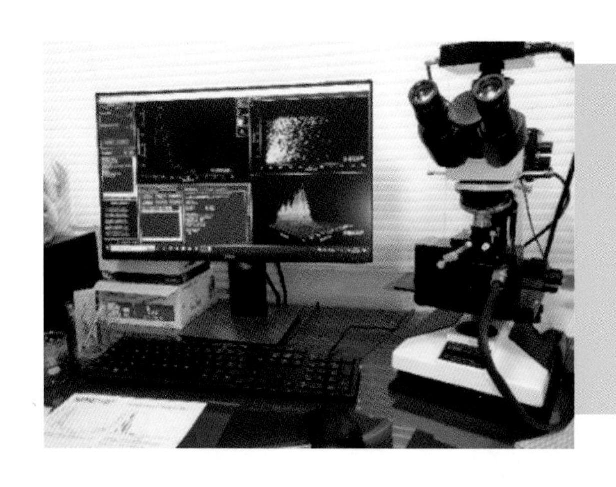

サンプル液にレーザーを照射すると発せられる散乱光を捉え、ナノ粒子を画像化、動画化し可視化する。

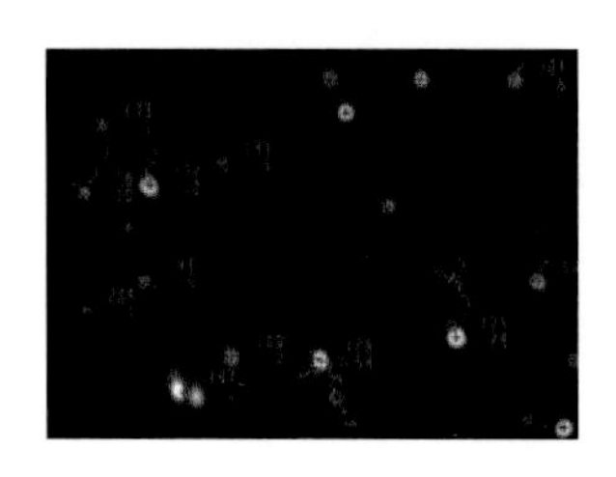

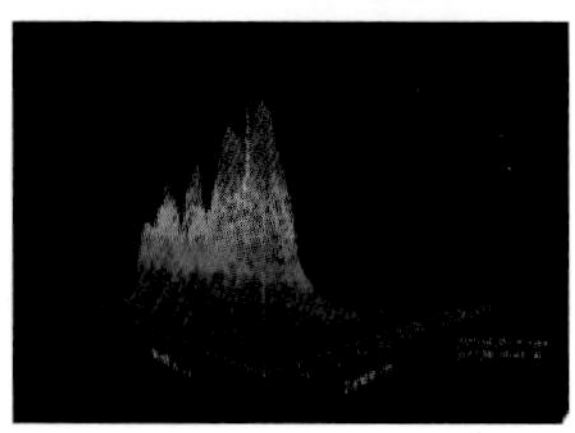

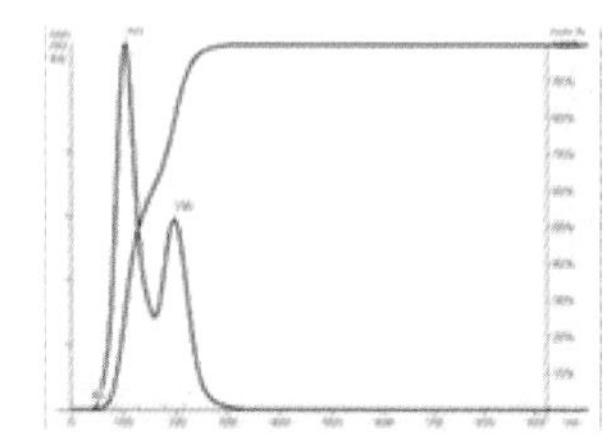

ナノ粒子トラッキング解析（左）、個数分布グラフ（中央・右）を作成し、ナノ粒子を可視化。ケイ酸の効果測定に用いている。

豊富なケイ酸を含む温泉水を、「天然ケイ酸ミネラル」に改質する装置。

ケイ酸農法で育てた作物
冬野菜

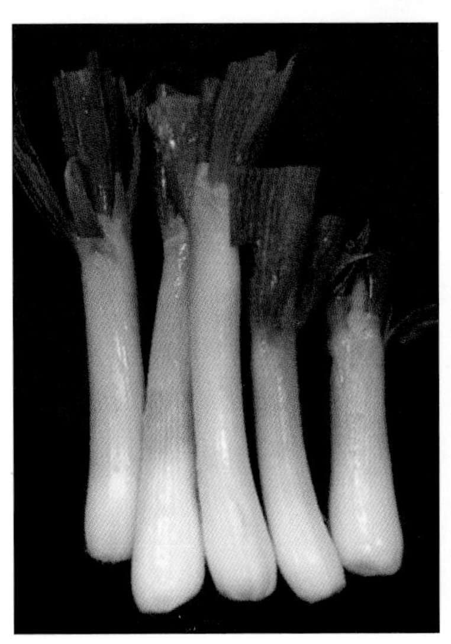

ケイ酸農法で育てた冬野菜（上）と下仁田ネギ（左）
ネギの絞り汁を生物顕微鏡で観察すると、綺麗な六角形の細胞が見られる。

ケイ酸農法で育てた作物
乾燥しいたけ・唐辛子

「天然ケイ酸ミネラル」を使用して栽培・加工された乾燥しいたけ（左）。従来のもの（下）と比べて、色艶が異なるのがわかる。

「天然ケイ酸ミネラル」を使用して栽培された唐辛子（左）。従来のもの（右下）と比べて、大きく育ち、甘みも感じられる。

ケイ酸農法で育てた作物
ぶどう（巨峰・藤稔）

「天然ケイ酸ミネラル」を使用して栽培された巨峰。
味、大きさともに良好に育った。

「天然ケイ酸ミネラル」を使用して栽培された藤稔。
1果17ｇと、大きく育った。

ケイ酸農法で育てた作物
バナナ

無農薬、無肥料、「天然ケイ酸ミネラル」のみで育てたバナナ。幹が強く育っているので、2022 年の台風 14 号が直撃した時も、大きな被害は出なかった。

ペットの飲用水にも適したケイ酸

「天然ケイ酸ミネラル」を飲用水として与えられたインコ。
ケイ酸を与えてから、くちばしに艶と光沢が出た。

消化吸収の促進、羽毛の発達、皮膚のカサつきなど、様々な効果が期待できる。

フンザ村の長寿の秘訣は ケイ酸にあった

パキスタン北部に位置するフンザ村は、80年代当時、平均寿命が90歳という長寿の村として有名になった。
豊富なケイ酸を含む川の水を日常的に摂取しているフンザ村の兵士（右）。骨格が大きいことがわかる。

はじめに

●植物は厳しい生育環境に置かれている

日本の農業生産をとり巻く状況は、さまざまな問題が山積しています。それは、大きく２つに分けられます。

１つは、環境の問題です。温暖化は年々進み、栽培地にはなはだしい影響を与え、栽培好適地はどんどん北へ移っていっています。異常気象は激しさを増し、風害、水害が農産物の出来や収量に大きなダメージを与えることがめずらしくありません。

温暖化や異常気象は植物にとって大きなストレスとなります。

もう１つは、農法についてです。農薬、化学肥料を使用する現代農業は、生産量をいちじるしく増加させました。短期的には収量が増えますが、しかし、長期的には収量は減ることになります。

化学肥料を多く用いると、雑草もよく生えるので、除草剤の量も増えます。農薬、化学肥料は植物にとってストレスになります。そして、土壌を疲弊、悪化させ、栄養の不足やアンバランスをもたらします。

そのような土壌で栽培された農作物は、本来農作物中に含まれる栄養が不足したり、あるいはバランスが崩れたりします。

当然、その影響は農作物を食する人間の体に及び、ビタミン、ミネラル不足の一因となるし、ひいてはさまざまな生活習慣病の増加の原因になります。深刻な問題としては、がんの増加との関連も指摘されています。

日本の農法はアメリカ型農業を追随しており、すでにＦ１種は導入されています。遺伝子組み替え種子も使われはじめ、続いてゲノム編集種子も登場してきました。スマート農法、フードテックといわれる新しい概念も登場してきました。異なる種を交配した一代限りの種広がりは、在来種を駆逐しようとしています。

しかし、熱帯化や異常気象などの環境ストレスに対して、従来からの農薬、化学肥料を用いる栽培は無力です。

それでは、どういう手段、方法なら対応できるのでしょうか。その切り札というべき救世主が、ケイ素・ケイ酸なのです。

●ケイ酸農法の意義と実践のすすめ

ケイ素・ケイ酸といっても、農業に携わっているものの、あまり馴染みがないという人もいるでしょう。家庭菜園を始めたばかりなら、初耳の人もいるかもしれません。

ケイ素は地球の生命体の基礎となる物質です。地殻中に含まれ、生命の循環、食物連鎖の起点となり、動植物の発育に寄与する貴重な元素なのです。

動物・植物にとって必要・有用なケイ素ですが、こんにちでは環境や土壌の悪化によって植物に含まれるケイ素は減ってきています。ケイ素だけでなく、元素は全般的に減少してきていますが、そのことにもケイ素は関係しています。

農作物にケイ素を取り戻すには、どうすればよいのか。私たちは、大分県竹田市の長湯温泉に着目しました。日本にはケイ素をたくさん含んだ温泉がいくつかありますが、長湯温泉はとくに豊富です。

この温泉では、熱マグマによって、ケイ素（二酸化ケイ素＝SiO_2）がケイ酸（メタケイ酸＝H_2SiO_3）に変わっています。このケイ酸の粒子をさらに小さくし（オルトケイ酸＝H_4SiO_4）、しかもその量を増やすことができれば、動植物の発育に大いに寄与できるのでしょう。

それを農業資材として使用すれば、ケイ素はもちろん、ミネラル全般が豊富な穀類・野菜・果物ができるはずです。それらの食材を摂取することで、ケイ素を有効的に体に取り入れることができ、自然な健康体をつくることにつながります。

私たちは、温泉に含まれる天然のメタケイ酸（H_2SiO_3）を、より粒子が小さいオルトケイ酸（H_4SiO_4）に改質し、しかもケイ酸の量を増やす技術の開発に成功しました。ケイ酸を増やすことで、他のミネラルの量も増やせます。

従来から、籾殻やゼオライト（ケイ酸塩鉱物）が原料の農業用ケイ酸資材はあります。また、最近は、水溶性を売りにしている水晶から抽出のケイ素もあります。これらはどれも二酸化ケイ素です。

一方、私たちが開発した「天然ケイ酸SiO_4」は、温泉から抽出したということと、改質したケイ酸（SiO_4）であるということの２つにおいて、世界でも初めての画期的なことなのです。

こうして開発した水溶性ケイ酸を、私たちは製品化し、「SiO_4・Ｓｅｃｕｒｉｔｙ（ケイ素セキュリティ）」と名づけました。一般的には「天然ケイ酸SiO_4」と呼んでおり、本書ではこの名称を使用しています。

「天然ケイ酸SiO_4」を使用する農法をケイ酸農法と呼んでいますが、私たちのグループがその農法を始めて８年になります。水稲はもちろん、各種の野菜や果物の栽培にこの天然ケイ酸水を使用しています。

ケイ素は、炭素とともに私たちを生かし、健康を育んでくれる特別な存在で、偉大な力を持っています。しかし、ほとんどの人がそのことに気づいていません。１人でも多くの人に、ケイ素・ケイ酸の価値を認識してほしいものです。

自然界に光を灯すと、それが燃えるとき、私たちが今日知っているすべての領域が解明され、それによって、まだ理解されないすべてのことが明るみに出され、世の中に知らされます。

——哲学者　Ｆ・ベーコン (Bacon)※1

出典※１：1973,12 K. ルーイルマン「ドイツ版編者の序」

●水処理とオゾンの研究からケイ素（元素）の研究へ

私は５０年前から水処理技術の研究にたずさわってきました。そして、その研究課程の一環としてオゾンの研究も行ってきました。

温泉や井戸水を利用した給水装置が広く使われていますが、その配管の内部の壁に垢が付着します。

この垢は専門用語でスケールと呼ばれています。温泉のスケールといわれるものの成分は大部分がミネラルで、主なものにカルシウム質、鉄質、イオウ質、ケイ素質などがあります。

これらのうち、不溶性のケイ素（二酸化ケイ素＝SiO_2アニオン）は、工業用水系ではとくに厄介なものといわれがちです。水のアカ（ゴミ）といわれ、温水系では嫌われがちな物質でもあります。通常、湯にするとケイ素は水道の配管に付着します。アニオン吸着で純水にしないと取り除けない、扱いに手数がかかる面倒なものです。

付着したケイ素やミネラルは普通、化学薬品を投入して改善を図りますが、毒素が残留するおそれがあります。

その配管に付着するケイ素やミルラルを除く方法として、オゾン酸化と還元方法を考案しました。

そして、シリカポリマーの疎水性（水になじみにくい性質）コロイドの性質（負電荷）を活用して、壁面に付着したスケールの表面活性とは、相互に反撥させて、新たなスケール生成を阻害（不動態に）するスケール付着の防止の実現と装置化プロセスが完成しました。

以上のように、オゾン酸化力を使うことで、これらミネラルや微生物の付着を防ぐことができ、配管の劣化を防止できます。オゾンは人体にとっても安全であり、この点も安心です。

研究はこののち、農業資材としてのケイ酸や飲用のケイ酸の開発へとつながっていきました。

この技術は、将来は工業製品の活用にも用途が広がるでしょう。

●東京ドーム・ロイヤル貴賓室の感染防止対策にオゾンを使用

オゾンの研究が実を結んだひとつの出来事が、東京ドームの感染防止対策においてでした。

今から３６年前の昭和６３年（１９８８）、東京ドームが開設されるときのことです。東京ドームは５万人収容の巨大な施設であり、しかもドームで閉ざされた空間です。

この巨大なコミュニティ空間で、感染症の患者が１人でも発生したら、パンデミックが起こるおそれがあります。そこで求められるのは、感染症対策です。

東京ドームには天皇陛下をお迎えするロイヤル貴賓室がありますが、ここはとくに感染対策に万全を期さなければなりません。

感染対策はどうすればよいのか。対策を依頼された私が利用したのがオゾンでした。

塩素の５０倍の殺菌力を有するオゾンガスを噴霧すると、オゾン臭が充満します。真夏に布団を天日に干すと、紫外線によって生臭い臭いがしますが、あれがオゾンの臭いです。その臭いは、触媒を用いることで消去できます。

ロイヤル貴賓室にオゾンを噴霧すると、じゅうたんがすべって歩けません。噴霧する前には起毛して硬かったじゅうたんは、およそ３㎝ですが、柔らかくなっているのです。それは効果が得られているということで、完全殺菌ができていたのです。※2

昭和６３年（１９８８）３月２３日、東京ドームは開場しました。多くの人々の記憶に残っていると思いますが、美空ひばりさんのドーム公演が無事行われたのが４月１１日のことでした。私もこの記念公演を観ることができました。

そして、このとき開発したシステムを応用してオゾン脱臭器を商品化しました。それが「エアーセキュリティ®」で、平成元年（１９８９）５月、松下電器産業（株）〈現在、パナソニック（株）〉から乾電池式冷蔵庫用脱臭器として発売されました。引き続き、ストッカー、車載用、トイレタリーの脱臭器も発売されました。

これらの製品はどれも大ヒットし、販売台数は冷蔵庫用脱臭器が１２０万台、ストッカーは３０万台、トイレタリーは２０万台に上り、電池製造の松下電池工業（株）応用機器事業部は５０億円売上げの事業部へ昇格。私は、売れすぎた地獄を経験しました。

さらには、１６年前からは病院・入院病棟・介護室・図書室・臭気の漂う場所等用のオゾン式「Ａｉｒ　Ｓｅｃｕｒｉｔｙ　除菌脱臭器」を発売しました。納入した施設のうち、ある特別養護老人施設では、インフルエンザの蔓延がないとの評判が広まったそうです。

以上のような研究が背景に基盤としてあったうえに、大分県竹田市にケイ素が豊富な温泉があることを知ったことがきっかけで、天然水溶性ケイ酸の開発に至ったのです。

注釈※２：じゅうたんの起毛は湿度の影響で、カビと繊維が結束し直立していた。

〈目次〉

5章　ケイ酸農法実践の生産者からの報告

6章　「天然ケイ酸ミネラル」を添加した調理食材と健康管理

7章　ペットと過ごせる健康生活のヒント

8章　飲む「天然ケイ酸ミネラル」を健康づくりに活かす新評価法

第 1 章

ケイ素って、何だろう

●ケイ素は地殻中で酸素の次に多い元素

ケイ素という言葉は、一般の人にはあまり馴染みがないのではないでしょうか。農業に携わる人であれば、多少知識を持っている人もいるかもしれませんが、今では少数派でしょう。現代農業において、肥料としてのケイ素はあまり重視されていません。

実はケイ素は、私たちにとても関わりが深い重要な物質なのですが、一般の人にそのことはほとんど認識されていないようです。そのため、日々生活していくなかでケイ素を意識することはまったくないでしょう。

ケイ素は、宇宙に存在する元素の１つで、元素記号はＳｉ、原子番号は14、別名シリカです。ちなみに、現代によく聞くシリコンは、シリカ（ケイ素）と同じものを指して言う場合もありますが、化学の世界では普通、人工的につくられた二酸化ケイ素を指します。

地球を構成する元素として、いちばん多いのが酸素で、次いで２番目に多いのがケイ素です。そして、地球の地殻においてケイ素は酸素の次に多い元素で、酸素とともにあり、地球上の物質の約25.8%を占めています。

宇宙でいちばん多いのは水素ですが、地球に近いところでいちばん多いのはケイ素なのです。

ケイ素は、自然界ではマグマや土、岩石などの主成分として含まれる鉱物（ミネラル）の一種です。

地殻に多いので、川や井戸にも低濃度で溶解しています。当然、田圃や畑の土壌にはケイ素が含まれています。田圃の場合は灌漑水に溶けているケイ素も土壌に入ってくることになります。ですから、動物も人間も、それら水や農産物を通してケイ素を体内に取り入れているのです。

◇ケイ素は酸素と結合した形で存在

ケイ素は自然界では単体（Ｓｉ）で存在することはなく、酸素と結びついて二酸化ケイ素（SiO_2＝シリカ）あるいはその塩（シリケイト）として存在します。このＳｉO_2を基本骨格として、自然界には温泉水に含まれるメタケイ酸（H_2SiO_3）、海水中に含まれるオルトケイ酸（H_4SiO_4）などが存在します。

ちなみに、植物は一般的に、二酸化ケイ素ではなく、メタケイ酸またはオルトケイ酸の形でしか吸収できません。これは地殻の３段階エネルギーを使って二酸化ケイ素を変貌させるもので、３段階のエネルギーは、高熱酸化エネルギー、還元エネルギー、水蒸気圧力エネルギーの３つです。

◇水晶はケイ素の固まり

ケイ素を含んだ鉱物はたくさんありますが、その代表的な鉱物で、かつ資源として重要なものに石英があります。石英はケイ石と呼ばれ、ガラスの原料として使用されます。

石英のうちでとくにケイ素の含有比率が高いものが水晶です。装飾品として利用されてきた水晶は99％がケイ素でできており、ケイ素の純度が高いほど透明度も高くなります。水晶のうち透明度が高いものはクリスタルと呼ばれます。

石英は英語でクオーツと言います。ご存知のように、クオーツ時計は水晶を使っています。

ケイ素は今日、半導体の原料など工業的にも多く使われていますが、現在ではこちらのほうがよく知られているかもしれません。

水晶だけでなく、ラジウム鉱石、トルマリン、麦飯石、ブラックシリカなどの鉱物も、90％以上はケイ素です。宝石のオパールは、水を含んだ二酸化ケイ素でできています。乾燥剤のシリカゲルはオパールとほぼ同じ物質です。

このように実はケイ素は、私たちにとって、とても身近な存在なのです。

●ケイ酸が海の生物の大循環をつくり上げている

海洋でのケイ酸は、海における食物連鎖の起点になっています。

その始まりは海中の火山活動で、高熱に接してケイ素がケイ酸に変わっていったことでした。何億年も昔のことです。そこから、海中のケイ素の歴史が始まりますが、この循環時間は1500年間を要したと考えられています。

水溶性のオルトケイ酸（H_4SiO_4＝200ppm程度）は、南極から北極海へ向かってベーリング海に達し、非常に多くのオキアミなど動植物性プランクトンを発生させ、それらの発育を高めます。ここに食物連鎖が始まります。[※1]

南極のクジラも、動物性プランクトンのオキアミを捕食するためにベーリング海へ向かいます。そこでオキアミを捕食しては南極に戻ることをくり返します。

さらには、ベーリング海に至る入り口にはシャチが待ち構えていて、クジラを狙います。

ケイ酸が行き届かないと、オキアミなどの動植物性プランクトンは発生しません。ケイ酸があるから、プランクトンやオキアミが発生し、海の生物の大循環が行われるわけで、ケイ酸は生体の基本なのです。

余談ですが、４年前まで南極海で調査捕鯨をしていた母船・日新丸（共同船舶（株））のオゾン殺菌装置は、私の開発設計によるもので、日新丸はその後は近海の商業捕鯨で活躍しています。鯨肉のバレニン・ペプチドタンパクは、免疫保全に必需なもので、40年前までは日本人の食性と、健全な身体の育成に不可欠のものでした。

※１：北洋海漁業船、操業技術者からの聞き取り

●温泉に含まれる水溶性のメタケイ酸

前述したように、地上のケイ素には、温泉に含まれるケイ酸もあります。これをメタケイ酸（H_2SiO_3）と呼びます。鉱物のケイ素が地下の熱マグマによって水溶性のケイ酸に変わっていったものと考えられています。

日本には昔から“美人の湯”といわれる温泉が、数は少ないですが全国にいくつかあります。これら「美人の湯」は、実はメタケイ酸を豊富に含んでいます。美人の湯につかると、肌がつやつやになりますが、肌をきれいにする効用はケイ酸によってもたらされるのです。

メタケイ酸は保湿効果や美肌効果があり、浸透性が高く、肌の中へ入っていき、肌に艶をもたらします。美人の湯と呼ばれる温泉は、１ℓ中に100mg以上のケイ酸を含んでいます。

火山の多い日本の温泉や井戸には、ケイ酸のほか、炭酸カルシウムや鉄、アルミニウム、亜鉛、マンガンなどの金属酸化物を含む様々なものが溶け込んでいます。

●ケイ素は地球上の生命体の生命活動を支える基盤元素

地球上に存在する元素のうち、水素、炭素、窒素、酸素を除いたものをミネラルと言います。およそ100種類ある元素のうちで、人体に存在し、栄養素として欠かせないものとして現在、次の16種類が知られています。

ナトリウム／マグネシウム／リン／硫黄／塩素／カリウム／カルシウム／クロム／マンガン／鉄／コバルト／銅／亜鉛／セレン／モリブデン／ヨウ素

これら元素は体内で合成されないため、飲食物から摂取しなければなりません。

16種の元素のうち、厚生労働省が摂取基準を決めているのは、イオウ

／塩素／コバルトを除く13種です。

ケイ素は16種に含まれていませんが、ドイツでは4番目に重要なミネラルに位置づけられています。わが国でも近年、ケイ素の重要性が認識されるようになり、17番目の必須ミネラルとの見方もありますが、実はその程度の軽い存在ではありません。

ケイ素は、地球上のすべての生命体に欠かせないミネラルであり、あらゆる生命体の生命活動を支える基盤となるミネラルなのです。

現在では、そういう見方がなされるようになり、世界的に注目されています。

なお、先に紹介したのは必須元素の標準的な分類ですが、微量および超微量元素の種類は研究者によって見解が異なる場合があります。一例として、次の分類があります。この分類では、ケイ素は必須微量元素のひとつに挙げられています。

▽必須元素の分類

多量元素……　酸素　炭素　水素　窒素　カルシウム　リン
少量元素……　硫黄　カリウム　ナトリウム　塩素　マグネシウム
微量元素……　鉄　ケイ素　亜鉛　銅
超微量元素……マンガン　セレン　ヨウ素　モリブデン　ホウ素　クロム
　　　　　　　コバルト

・多量元素とは、体内存在量が1％を超えるもので、体内の98.5％を占める。
・少量元素とは、体内存在量が0.01～1％のもので、多量元素と合わせて体内の99.4％を占める。
・微量元素とは、体内存在量が0.0001～0.01％（1～100ppm）のものをいう。
・超微量元素とは、体内存在量が0.0001％（1ppm）未満のものをいう。

●水晶として知られていたシリカが単離されたのは 19 世紀

元素には、１種類から成る物質（単体）と、２種類以上の元素からなる化合物とがあります。酸素ガス（O_2）や金（Ａｕ）は単体で、二酸化炭素や二酸化ケイ素（SiO_2）は化合物です。先に述べましたが、ケイ素は自然界では二酸化ケイ素として存在しています。

単体の元素は、金や銀のように単体で産出するため、古代から存在が知られていました。炭素、銅、硫黄、スズ、鉛、水銀、鉄[※2]なども、古代には発見されていました。

一方、シリカ（二酸化ケイ素）は、石英、水晶、瑪瑙（めのう）、珪砂、火打ち石などとして古くから知られていました。18 世紀末頃には、シリカが未知の元素の酸化物であろうと推測されていました。しかし、ケイ素は酸素と親和力が非常に強いため、シリカから酸素を還元することができませんでした。シリカが単離されたのは、19 世紀になってからのことでした。著者が開発した製品の表記に「天然濃縮シリカ」を用いているのはこのことに由来しています。

※２：鉄は紀元前 3000 年エジプト文明より

●ケイ酸は宇宙起源の物質だった！

地球の生命体にとって非常に重要な物質のケイ素ですが、実は宇宙由来です。

2018 年 11 月１日付け毎日新聞に、米国の無人探査機「カッシーニ」の観測データに関する記事が掲載されました。

カッシーニは前年９月、土星の大気に突入し燃え尽きました。記事によると、最後の５か月間の観測データを基に、土星の大気には土星の輪からメタンやアンモニアなどの成分が雨のように降り注いでいるとの分析を、米航空宇宙局（ＮＡＳＡ）などが米科学誌『サイエンス』に発表しました。

これまでは、土星の輪から降り注いでいるのは主に水だと考えられていました。それが、カッシーニの最後の観察で、水のほか、ケイ酸塩、一酸化炭素、二酸化炭素、窒素、有機物が含まれているのがわかったのです。

この「雨」によって、予想外にたくさんの物質が輪から大気に供給されているとみられ、土星の輪の内側は薄くなっていく可能性があるとのことです。

報道から、ケイ酸は宇宙の始発物であり、他の元素の合成にも重要な役を担っているようだと考えられます。そして、今回の新発見から、宇宙の王者と称されるようにもなっています。ケイ素が宇宙の王者であるならば、一方、地球上の王者は炭素（動・植物）ということでしょう。

このように推理を進めていくと、ケイ素・ケイ酸（無機物）は生物の起源に深いかかわりがあって、不思議さも解明されていくかもしれません。宇宙の生命起源の一体感につながるかもしれないと、夢はふくらみます。

●植物の生育にケイ素は必須の元素

作物の生育には、様々な元素が必要です。

重要な順に挙げると、まず、基本の肥料三要素として、窒素（N）、リン酸（P）、カリウム（K）が挙げられます。次が二次要素で、これに含まれるのがカルシウム（Ｃａ）とマグネシウム（Mｇ）、硫黄（S）。その次に、必須微量元素８種があります。鉄（Ｆｅ）、マンガン（Mｎ）、ホウ素（B）、亜鉛（Ｚｎ）、モリブデン（Mｏ）、銅（Ｃｕ）、塩素（Ｃｌ）、ニッケル（Ｎｉ）です。

さらに、有用元素として、ケイ素（Ｓｉ）、ナトリウム（Ｎａ）、コバルト（Ｃｏ）などがあります。

ケイ素は、必須微量元素にも含まれていません。その理由は特定の植物に必要との見方に立っているからとの考え方によります。ケイ素は、イネ科作物の含有量がとくに多く、茎葉を強くするなどの効果が認められているからだと説明されています。

歴史的に日本の農産物のうちでもっとも重要な位置にあり続けたのは、お米です。ケイ素はその米に必須の微量元素ですが、そのことをしっかり認識している人は、ケイ素は必須元素との捉え方をしています。

ケイ酸は世界で初めて日本で肥料成分になりましたが、それは日本人にとって米が特別な食物だったからです。そして、農産物のうちでもとくにイネはケイ酸を多く必要とすることがわかってから、研究が進み、肥料としてケイ酸を用いるようになりました。

しかし、ケイ酸が必要な農産物はイネだけではありません。他の農産物、野菜や果物もケイ酸を必要とします。

しかも、後の章で述べますが、気候や土壌など様々な要因から、現在、農産物はかつてなかったほどケイ酸を必要としています。

●健康、美容、アンチエイジング・リバースエイジングの世界でもケイ素は人気に

ケイ素は、私たち人間においても、体を構成する重要な要素です。それは、毛髪、爪、骨、筋肉、脳、腎臓、肝臓、胸腺、血管、皮膚など、全身のあらゆる臓器や組織においてです。また、ミトコンドリアの材料でもあります。ケイ素は必須ミネラルで、健康の維持・促進に欠かせません。

非常に基本的で、重要な物質であり、大切な働きを担っていますが、基本的な物質ゆえ、かつてはほとんど注目されていませんでした。

ところが、地殻を構成する物質としてのケイ素から、農業におけるケイ素、そして人間におけるケイ素の働きや重要性まで解明されてきて、脚光を浴びるようになりました。

1939年にノーベル賞を受賞したドイツのアドルフ・ブーテナント博士は、「ケイ素は今日も太古の昔も生命の発生に決定的に関わり生命の維持に必要なものである。すなわち、ケイ素を含むシリカ（SiO_2）なくして生命が存在できない」と論じています。

現在では、骨密度にはカルシウムよりケイ素が重要であることも解明されてきました。

ケイ素は、コラーゲン、エラスチン、ヒアルロン酸、コンドロイチンなどを構成する物質で、結合組織を丈夫にする働きをすることもわかってきました。

前述したように、ケイ素は私たちの人体を構成する重要な要素です。そのため、不足すると健康に障害が生じます。また、年をとるにつれて体内のケイ素の量は減ってきます。

それによって、脳、骨、血管などを始め、老化現象として様々な障害や病気が引き起こされます。

年をとっても、ケイ素が十分に摂取できれば、血管や臓器、骨、皮膚、髪の毛などの若さ維持やアンチエイジングの効果が期待できます。

実際、そういう効果が得られることが明らかになってきた現在、ケイ素水やケイ素の健康食品は、人気となっています。

ケイ素を摂取するようになったら、髪の毛が抜けなくなったとか、ふさふさしてきたなどの話はたくさんあります。

また、温泉に含まれるメタケイ酸（SiO_3）は、潤い成分、保湿成分、美肌成分として化粧品に配合されます。

このようにケイ素は健康と美容、老化にも関わりが深い元素であることから、美容やアンチエイジング・リバースエイジングの分野でも人気の物質となっています。

●ケイ酸農法は健康に生きるためのカギ

ケイ素に関する貴重な指南書としての文献に、1955年にドイツで出版された『ケイ酸とケイ酸塩のコロイド化学』があります。著者はラルフ・K・アイラーという人で、日本でも訳本が出版されました。２章で取り上げている太田道雄・山梨大学教授が仕上げの監修をされています。

しかし、この本を入手したいと思ったとき、すでに絶版になっており、大学の図書館にもないし、古書も売られていません。どうやってもこの本に目を通したいと思い、いろいろ調べたら、農水省の大臣官房室に一冊あって、人を介してコピーを入手することができました。予想どおり私の求めていたことが書かれていて、感動しました。この本の第９章「生きている微生物のケイ酸」に、次の一文があります。

「ケイ素に関する多数の自然科学の研究としては、天文学、地学、考古学、植物学、動物学、生物学、医学、獣医学、化学の分野に及ぶ。」

この言葉から、ケイ酸がたんに鉱物の一種というのではなく、特別な存在であると想像できるではありませんか。実際、ケイ酸はただ者ではありません。

ケイ酸は、植物が生育する上で、様々な有益な働きをする重要な鉱物です。しかし現在では、農薬や化学肥料の使用や環境の変化などの理由によって土壌のケイ酸は減少してきました。

もとより、同じ場所で特定の作物を栽培すると、生育が悪くなったり枯れたりすることがあります。これを連作障害といい、連作障害は土壌中のミネラルなどの栄養素や生物のバランスが崩れることによって起こります。

その中でもとくに、ケイ酸は重きをなし、ケイ酸の減少は同時にミネラル全般の減少にもなります。ケイ酸は他のミネラルも土壌から取り込む働きを持っているからです。

健康目的に叶う野菜を栽培するにはケイ酸が欠かせません。

このように、ケイ酸は非常に重要な役割を担っています。先に述べたように、ケイ酸に関する自然科学の研究は多岐の分野にわたっています。私は様々な分野からケイ酸を研究し、その重要性を発見しました。

けれど、農業におけるケイ酸、健康にとってのケイ酸の重要性をどれほどの人が認識しているのでしょうか。

第2章

飲める温泉から「天然ケイ酸ミネラル」を開発

●植物に対する有用性を初めて発見したのは日本の研究者

ケイ素は、1823年にスウェーデンの化学者・医師のイェンス・ヤコブ・ベルセリウスが単体分離に成功。以来、岩石や土壌、植物などのケイ素含量が測定され、ケイ素が珪藻やスギナ及びトクサ、イネ科の植物などに多く含まれることは19世紀にすでに知られていました。しかし、米国では、ケイ素の役割について関心はあまり持たれませんでした。

世界で初めて植物に対するケイ素の有用性を発見したのは日本人の研究者で、資源植物科学研究所の前身の「大原農業研究所」に在籍していた小野寺伊勢之助博士（1888～1953年）でした。

「いもち（稲熱）病に罹患した水稲の葉は健全な葉に比べてケイ素含有量がいちじるしく低く、一方、いもち病に抵抗性のある品種の葉には、感受性のある品種よりもケイ素の含有量が高い」ことを発見。大正6年(1917)、『農学会報』に「稲熱病の化学的研究（第一報)」として発表しました。

これはおそらく、ケイ素の有用性に関する世界で最初の科学論文だとみられています。

このあち、ケイ酸塩を施用するといもち病に対して抵抗性が増すなど、ケイ素といもち病の関係を示唆する報告が相次ぎました。こうしてケイ素の研究が盛んになり、ケイ素研究で日本は世界をリードしてきました。

参考：1：ラルフK, アイラー（Ralph K.Iler）「ケイ酸とケイ酸塩のコロイド化学」1955年、珪酸に関する資料第4号
2：1979年出版ジョン・ウィレイ＆ソン社（Jhon Wiley & Son)12 翻訳；大田道雄　他、珪酸の化学的性質（The Chemistry of Sillca）
3：『作物にとってケイ酸とは何か』農文協 2007,9 著者；高橋英一

●ケイ素で稲の収穫量が3～4割増量することを確認

さらに、世界で初めてケイ酸の肥料効果を明らかにしたのが、山梨大学

の太田道雄教授です。

昭和25年（1950）、戦後間もないわが国は、食糧増産が強く求められており、化学肥料が次々と出回るようになりました。

この年に山梨大学に赴任した太田教授は、地元の協力を得て、県内９カ所に試験田（山梨大学肥料試験地）をつくりました。９カ所のうち、老朽化した水田では、鉄やマンガンが不足し、真夏には硫化水素が発生し、稲が根腐れを起こしていました。

「ここに鉄分の多い肥料を施せば、確実に収量の増大が見込める」と考えた太田教授は、試験に取り組みましたが、失敗してしまいます。はじめのうちこそイネは旺盛に生育しましたが、後半になると生育はまったく進まなくなり、最後は見るも無惨に枯れてしまったと言います。あまりの不甲斐なさと恥ずかしさに、教授は夜半、試験田に設置していた看板を撤去したそうです。

ところが、この失敗がきっかけで、研究は急速な発展を見ます。枯れ果てたイネを持ち帰り分析したところ、ケイ酸の含有量が極端に低いことがわかりました。イネが枯れてしまうのは、土壌中のケイ酸の不足が原因らしい。このことに気づいた教授は翌年、ケイ酸を主成分とする鉱滓（こうさい）（スラグ）を施したところ、３～４割の大増収となったのでした。昭和28年（1953）、太田教授はこの研究成果を学会で発表しました。※1

ちなみに、鉱滓とは、鉱石から金属を製錬する際などに、冶金対象である金属から溶融によって分離した鉱石母岩の鉱物成分などを含む物質をいいます。

※１：The Colloid Chemistry of Silica and Silicate 1955
Silica in Living organisms p.276 ～ 296　訳者：太田道雄

また、太田教授と同時期、農林省が主宰した各県農業試験場の研究でも、ケイ素の有用性が確認できました。とくに富山県農業試験場の小幡宗平技師は、老朽化水田の多い富山平野における、ケイ酸石灰（鉱滓）の増収効果を明らかにしました。昭和25年（1950）に試験を開始し、29年（1954）には県下53か所で実証試験を行い、普及への足がかりをつくっています。

太田教授や小幡技師の研究・発見をきっかけに、イネをはじめ植物に対するケイ酸の栄養生理研究が行われ、その効果が確認されていきました。なかでも、水稲でとくに効果が大きいことが明らかになってきました。

昭和30年（1955)、農林省は世界で初めてケイ酸肥料を公定肥料に認定しました。これを契機に、イネの栽培に多量のケイ酸質肥料が施肥されるようになり、わが国のケイ酸質肥料の生産量は増えていきました。その量が最高に達したのは米生産の最盛期だった昭和43年（1968）の138万トンで、その後は減少していき、近年では27万トンにまで激減しています。

農薬、化学肥料が開発され、それらが中心の現代農業が発達、普及し、米や野菜・果物の収量は増加していく中で、ケイ酸はおろそかにされるようになっていきました。

実はケイ酸に関する過去の資料にあたると、ケイ酸はその後、植物生理学の教科書や論文では黙殺されている現状があります。ケイ酸に関する問題は極めて簡単に説明されているに過ぎません。日本だけでなく、海外においてもそうなのです。

それはともかく、農薬と化学肥料が中心の現代農業の在り方を反省し、見直す機運が生まれてきています。土づくりへの関心が高まる中で、ケイ酸が再び注目を集めてきつつあるようですが、それは必然的とも言えるでしょう。

●飲用の炭酸泉が開発のヒントに

ここまで、ケイ素の分離や、いもち病とケイ素の関係の発見、ケイ素の肥料効果の発見などの歴史をたどってきました。

私たちが温泉水を改質して天然のオルトケイ酸をつくる方法の開発を志

すきっかけとなった事柄のひとつは、今から492年前にさかのぼります。ここにも先人の功績がありました。

チェコのカルロヴィ・ヴァリ（ドイツ語でカールスハットまたはカールスバッド）は、チェコ有数の温泉として現在も繁栄しています。

伝説によると、カルロヴィ・ヴァリは14世紀半ば、ボヘミア王であり神聖ローマ帝国皇帝にもなったカレル4世が、鹿の狩猟中に温泉を発見したのが始まりと言われています。この地は、ヨーロッパでもっとも古い町のひとつでした。

温泉街の中心部は、温泉のすぐ近くにありました。15世紀の後半に、カルロヴィ・ヴァリはスパとして知られるようになりました。

このことは、1480年にニュルンベルクで出版された、ハンス・フォルツが著した本に書かれています。この書で、カルロヴィ・ヴァリは「チェコからロケット城近くの温泉」という名前で、ボヘミア唯一の温泉としてリストに入れられています。

18世紀後半、カルロヴィ・ヴァリの医師ディビッド・ベシェルは、この海岸近くで二酸化炭素を発見。二酸化炭素の影響がもっとも強い温泉でミネラルウォーター（温泉水）を直接飲むように患者に勧めました。

彼のこの活動によって、「温泉は大地のミネラルで、これを飲むことは野菜を食べる以上に貴重な健康づくり」という考えが生まれました。

また、ドイツ・バートナウハイム市、ヘッセン州温泉保養事業団のエドワード・アルト博士の次の言葉も現存しています。

「治療効果のある温泉につかると、気力が増すのはもちろん、美容にも大きな効果が現れます。こうして健康を守り回復させようとする行為は古くからの魅力ある楽しみでもあります。公共福祉のために伝統的かつ現代的な手法で宝の温泉を活用していくことは本当に賢明であると思います」(現地碑文より)

大分県竹田市直入町の長湯温泉は古くから、飲む温泉として知られていました。その歴史は8世紀にさかのぼると言われています。昭和60年のこと、長湯温泉に「日本一の炭酸泉」の折り紙が付きました。某入浴剤メーカーが全国の炭酸泉の調査を行った結果、長湯温泉が日本一の炭酸泉であることが証明されたのです。

実は今からおよそ100年前の昭和初期、医学博士で九州帝国大学別府温泉治療学研究所教授の松尾武幸氏が、ドイツのカルルスバートで温泉医学を学び、長湯温泉にチェコやドイツの温泉と同じその希有な財産価値を認めていたのです。

炭酸水の飲用効果は糖尿病がよく知られていますが、それだけでなく、胃酸を中和し胆汁の分泌を促すことから、胃腸や肝臓、膵臓の働きを活発にする作用があると言われます。

●日本一の炭酸泉・長湯温泉の豊富なケイ酸を活用

長湯温泉は飲用に適した炭酸泉で、しかもケイ酸の量は日本有数です(右ページ　温泉分析書　温泉含有量の比較データ)。

これらの事実に基づき、私たちは大分県竹田市の温泉水を用い、安全で飲用にも適した水溶性ケイ酸の開発に着手しました。

ケイ素が多い温泉では、お湯のケイ素が地熱マグマによってケイ酸に変わっていっていますが、それが植物・動物の発育に寄与します。

日本一の炭酸泉と証明された長湯温泉では、平成元年、ふるさと創成事業の一環として、「全国炭酸泉シンポジウム」を開催しました。その席上、「温泉療養の先進地であるドイツの温泉地に炭酸水活用のノウハウを学んだらどうか」との提言がなされました。

早速、ドイツ表敬訪問団が結成され、バーデン・バーデンやバート・クロチンゲン、バート・ナウハイムなどを訪れました。ここから、ドイツとの交流が始まり、現在に至っています。

長湯温泉の湧出地には、在日ドイツ連邦共和国大使ハインリッヒ・D・デイークマンの次の遺稿が刻まれた石碑があります(20ページに掲載)。

報告書番号　82001258 -1 - 1 /1
発　行　日　　2019年12月19日

分　析　報　告　書

有限会社 京都オゾン応用工学研究所

殿

■四日市分析センター
三重県四日市市午起一丁目2番15号
TEL (059) 340-7767　FAX (059) 333-8055
■本社
三重県四日市市午起二丁目4番18号
TEL (059) 332-5122　FAX (059) 331-2289

分析責任者　：戸田　勝也

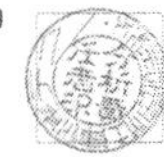

ご依頼のありました試料についての分析の結果を
次の通り報告いたします。

試料採取日時	2019 年 7 月 27 日
試料受付日	2019 年 12 月 4 日
試料採取者	依頼者採取
試料名称	7-④ 還元水（竹田直入町）
試料の種類	製品
特記事項	1μmメンブランフィルターでろ過後分析

分析の対象	分析の結果	分析の方法	定量下限値
pH	8.4 (18℃)	JIS K0101 11.1 ガラス電極法	-
イオン状シリカ	150 mg/L	JIS K0101 44.1 吸光光度法	0.5 mg/L
メタけい酸	210 mg/L	吸光光度法	15 mg/L
カルシウム	4.0 mg/L	ICP発光分光分析法	0.1 mg/L
マグネシウム	340 mg/L	ICP発光分光分析法	0.1 mg/L
カリウム	92 mg/L	ICP発光分光分析法	0.1 mg/L
硫酸イオン	430 mg/L	JIS K0102 41.3 イオンクロマトグラフ法	0.1 mg/L
電気伝導率	371 mS/m	JIS K0101 12 電極法	0.1 mS/m
ホウ素	1.8 mg/L	ICP発光分光分析法	0.1 mg/L
ナトリウム	450 mg/L	ICP発光分光分析法	0.1 mg/L
溶解性蒸発残留物	2900 mg/L	JIS K0101 16.3 重量法	5 mg/L
	以下余白		

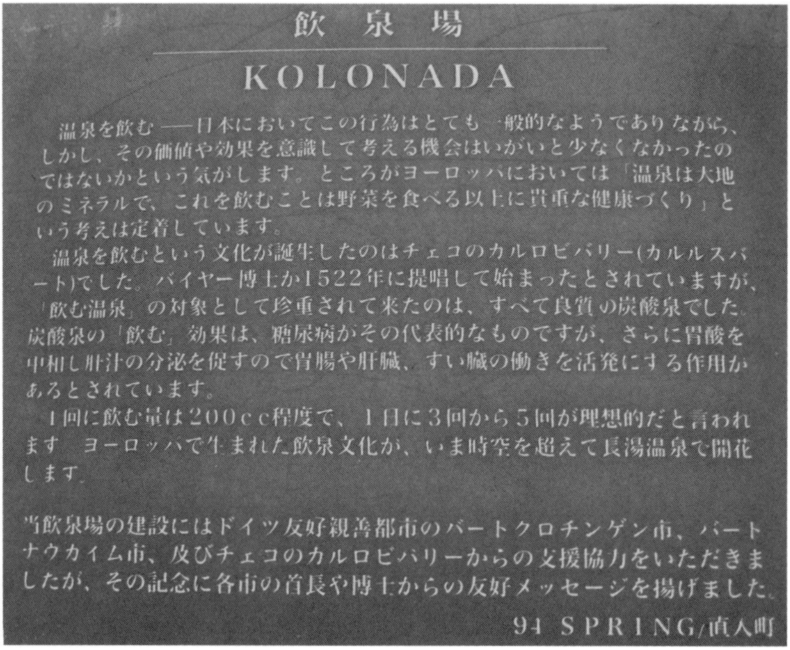

飲　泉　場

KOLONADA

温泉を飲む——日本においてこの行為はとても一般的なようでありながら、しかし、その価値や効果を意識して考える機会はいがいと少なくなかったのではないかという気がします。ところがヨーロッパにおいては「温泉は大地のミネラルで、これを飲むことは野菜を食べる以上に貴重な健康づくり」という考えは定着しています。

温泉を飲むという文化が誕生したのはチェコのカルロビバリー(カルルスバート)でした。バイヤー博士が1522年に提唱して始まったとされていますが、「飲む温泉」の対象として珍重されて来たのは、すべて良質の炭酸泉でした。炭酸泉の「飲む」効果は、糖尿病がその代表的なものですが、さらに胃酸を中和し胆汁の分泌を促すので胃腸や肝臓、すい臓の働きを活発にする作用があるとされています。

1回に飲む量は200cc程度で、1日に3回から5回が理想的だと言われます。ヨーロッパで生まれた飲泉文化が、いま時空を超えて長湯温泉で開花します。

当飲泉場の建設にはドイツ友好親善都市のバートクロチンゲン市、バートナウカイム市、及びチェコのカルロビバリーからの支援協力をいただきましたが、その記念に各市の首長や博士からの友好メッセージを掲げました。

94 SPRING/直入町

自然のふるさとの美しさを力いっぱい誇りにしている直入町民に敬意を表します。

ドイツでも利用されている温泉の力が遠いバート・クロチンゲンとの関係を結ぶ基礎になったことを大変うれしく思います。温泉の力によりドイツ人と日本人の友好の絆が強められることを期待します。

在日ドイツ連邦共和国大使

ハインリッヒ・D・デイークマン

1995年11月24日

ドイツのバート・クロチンゲン市は著名な温泉街で、竹田市は同市と交流を続けており、竹田市にはドイツの温浴施設を模した町営施設もあります。

温泉を飲む——日本ではこの行為はとても一般的なことながら、しかし、その価値や効果を意識して考える機会は意外と少なかったのではないかという気がします。

一方、ヨーロッパにおいては、「温泉は大地のミネラルで、これを飲むことは野菜を食べる以上に貴重な健康づくり」という考えが定着しています。

●オゾンで温泉のメタケイ酸を可視化 ケイ酸コロイド粒子に改質

私たちは、長湯温泉の温泉水にオゾンを用いて超微細コロイド粒子に改質する方法を開発しました。

オゾンガスを水中でナノバブル化※3することに成功し、オゾンとメタケイ酸を反応させて、より水和性のある性質に変える方法を発見しました。そして同時に、温泉に生息する好熱菌の殺菌、ウイルスの不活性化を実現し、飲用のための安全を確立しました。

※３：特許第 6328403 号　機能水製造装置 - 加圧剪断方式によって、気泡径 10 億分の１（10^{-9}）の量まで超微細化した。

以上の説明は一般の人には少々難解と思われますが、わかりやすく説明すると要は、天然の温泉水に含まれるメタケイ酸のサイズをオゾンを使って小さく※4したのです。

※４：粒子サイズを小さくすると陰電荷が高まり浸透性やコロイド粒子の活性が高まる

自然界で、植物の根のケイ素がケイ酸に置き換わるのはわずか 0.01％のみです。植物は、根酸（根の酸）によって、ケイ素をケイ酸化して吸収、転流（栄養素を果実や頂芽に移動）します。

私たちが開発した技術は、オゾンの働きによって、温泉のメタケイ酸を超微細化し、しかもケイ酸の量を増やすものです。粒子が小さいほど、植物の根に吸収されやすいし、人間が摂取した場合も体に吸収されやすくなります。「天然ケイ酸ミネラル」は、ナノ化を究極まで突き詰めた結果と言えるでしょう。ナノスケールまで小さくすると、マイクロスケールとは異なる特性を示すようになり、新たな応用が可能になります。

私たちが自分で言うのはおかしいかもしれませんが、この技術を開発したことはとてつもない偉業であると自負しています。

生命の誕生は、ケイ酸コロイドのような極小な形から始まったと言われますが、「天然ケイ酸ミネラル」は生命の根源のような物質と考えられます。

●天然温泉由来と鉱物由来の水溶性ケイ酸の違い

現在では、水溶性ケイ素として販売されている製品はいろいろあります。

温泉水や鉱泉、地下水などをボトリングして販売している飲むシリカ水もあります。これらは加工しない天然のケイ素水と言えるでしょう。

それとは別に、水晶や鉱石から抽出し、水溶化したという製品もあります。ケイ素飲料として発売されていますし、それらを加工したサプリメントもあります。

一方、温泉水からつくられたケイ酸は、私たちが開発した「天然水溶性ケイ酸」のみです。農業資材として開発しましたが、安全であり、ヒトが口に入れても害はありません。ちなみに、私たちは、農業資材としての天然ケイ酸とは別に、飲用の「天然ケイ酸 SiO_4」を開発し、製品化（天然濃縮シリカ）しています。

岩石鉱物から抽出したものはケイ素であるのに対し、私たちが開発したのは「天然ケイ酸ミネラル」で、両者の働きや効用には違いがあると考えられます。

また、鉱物から抽出する場合、化学物質を使って化学変化を起こさせています。

私たちが開発した温泉由来の「天然ケイ酸ミネラル」は、化学物質はいっさい使用していません。もともと飲めるもの（飲用できる温泉水）を改質したことから、効果・効能が違ってくるだろうと考えられます。

商標に「SiO_4 Security（ケイ素セキュリティ）」と「Security」（安全）という言葉を使っているのは、開発にあたって何より安全性を重視している製品だからです。

●「天然ケイ酸ミネラル」は栄養補助食品として飲用できる

「天然ケイ酸ミネラル」は農業資材として開発しましたが、前述したとおり、天然温泉のケイ酸を改質するのに化学物質は使っていません。そのため、飲用として安全で、ヒトや動物の経口栄養補助食品として適しています。

これまで述べたように、ケイ素は私たちの命と健康にとって非常に大事な基本栄養素です。しかも、ケイ素が不足していると考えられている現代、私たちは意識してケイ酸を取り入れることが求められます。

その必要性にこたえるために、私たちはヒト、並びに動物のための「飲む天然ケイ酸ミネラル」をそれぞれ開発しました。製品名「天然濃縮シリカ」です。

ケイ酸のナノサイズはどちらも、20～100ナノメートル以下[※5]です。人の腸が吸収できるサイズは40ナノメートル以下で、「飲む天然ケイ酸ミネラル」はヒトの腸内吸収に優れています。

また、飲用としては、スパークリング炭酸としてスポーツ選手や運動時の飲用として理に適った「重炭酸水」も製品化しました。

※５：粒子径による粒子分布

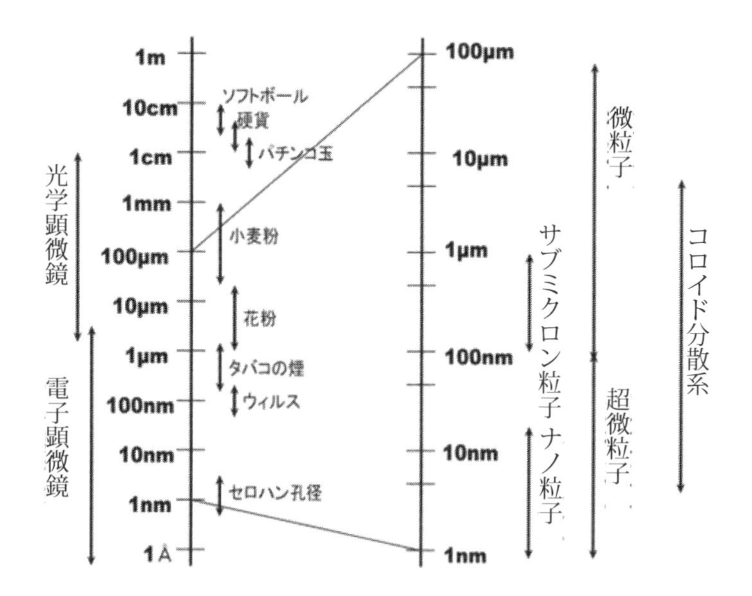

ケイ酸の水和反応

レイリー散乱で青色

●「天然ケイ酸ミネラル」の機械工学手法による製造技術

1・フローシート（天然ケイ酸ミネラル水を改質しています）（特許２件）

備考：天然ケイ酸ミネラル（メタケイ酸 H_2SiO_3）の製造手順は、以下の通りです。

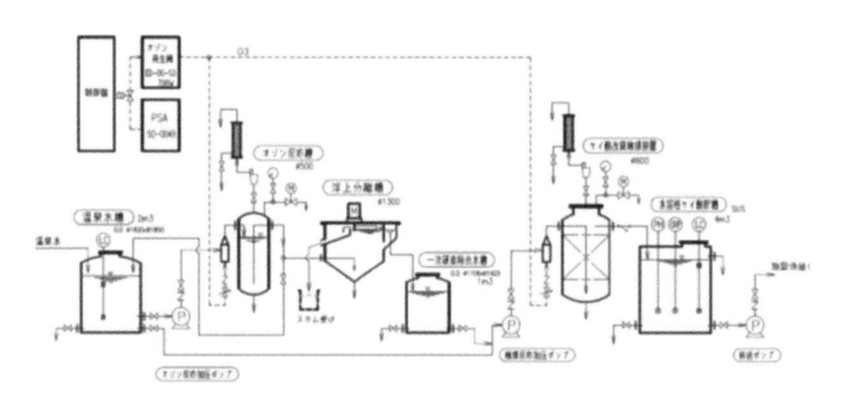

工学手法による天然ケイ酸改質工程

製造手順の説明

① 原水は温泉水槽に貯めます。次に回分処理によってオゾン反応槽と原水槽間で一定時間の循環を繰り返し、地中バクテリア（好熱菌 etc）をオゾン非加熱殺菌・脱炭酸及び凝集反応を経て一次硬度分離を促進させます（酸化反応）。

この現象の気泡は気泡径に反比例して気泡内の圧力が上昇し加圧された気体の溶解度は、圧力とともに高く、ナノバブルは水中で縮小酸化電位を続けて理論上水中で消滅（自己圧壊）することになる。

圧壊の瞬間、気泡径がゼロに収斂するので、気泡内の圧力は無限大に発散する。圧壊に到らなくても気泡径の減少速度が速いと、断熱圧縮的になり気泡内の温度も急激に高くなり、その結果、気泡内部は高温高圧になり、気泡内や界面の分子の化学結合が切れてフリーラジカルが生成される。

注釈：フローシート（フローチャート。作業や処理の手順）

② 分離槽は一次硬度を沈殿又は浮上分離するもので、原水の濁りが弊害となる場合の工程を示しています。

③ 一次硬度除去水槽は、② の選択性で配管経路の変更が生じます。

④ 還元反応は特殊媒体を用い、ケイ酸コロイドの pH 値及びサイズ効果をもたらすもので 100 nm（粒子径 10^{-8}）以下を安定化させる重要な役割です。

⑤ 以上のプロセスで「天然ケイ酸ミネラル」は、天然・水溶性ケイ酸と呼ばれレイリー散乱で淡い青色を呈しています。

⑥ 備考：液肥の有効年数は 3.0 か年程度です。

⑦「天然ケイ酸ミネラル」を含む成分分析（2019 年 4 月 2 日 （株）東海テクノ・四日市分析センター）

pH：8.7、マグネシウム（Mg）：330mg、カルシウム（Ca）：43mg、カリウム（K）：100mg、ナトリウム（Na）：450mg、ホウ素（B）：1.8mg、硫黄（サルフェート SO_4^{2-}）：420mg、シリカ（SiO_2）：170mg、メタ珪酸（H_2SiO_3）：300mg、リチウム（Li） etc

以上は農業資材や工業製品の活用を目的としています。

2・評価観察と分析機器

ナノ粒子解析システム NanoSight（ナノサイト）の特徴

NanoSight は 3 ステップ でナノ粒子解析を実施可能。

①ナノ粒子の可視化　ブラウン運動観察（散乱光画像確認）

サンプル液にレーザを照射するとサンプル液に含まれるナノ粒子から散乱光が発せられます。これを sCMOS カメラを介して画像化します。粒子数情報や分散状態を視覚的に確認することが可能です。また動画画像として保存できます。

②ナノ粒子トラッキング解析（NTA 解析）

粒子径ごとのブラウン運動速度の違いをもとに解析します。画面に映る散乱光１つひとつの動きを追尾（トラッキング）し、移動速度（拡散係数）から液中における粒子径（赤線：粒子を追尾した軌跡）（流体力学径）を算出します。一般的な DLS と異なり屈折率情報を必要としません。

③個数分布グラフの作成

ナノサイトでは解析結果として個数分布グラフ（横軸：粒子径、縦軸：粒子数濃度）を得ることができます。１つひとつの粒子の拡散係数から粒子サイズを算出するため、一般的な DLS のように光強度に依存することがありません。

・最大 10 ～ 1000nm ※サンプル／溶媒の物性により異なる粒子のブラウン運動速度から粒子径を算出

・個数のカウント（▲▲ particles × 10^{-8}/ml）

粒度分布図（個数ベース）3D プロット（粒子径 vs 粒子数 vs 散乱強度）

・蛍光標識した粒子の観察（蛍光タンパク／量子ドット）粒度分布グラフをリアルタイム表示。

ストークス・アインシュタイン式より、粒子の移動速度から各粒子のサイズを算出し、リアルタイムにグラフ表示。１つずつの粒子に対して、径を算出しているため粗大粒子・凝集体が、結果に反映されます。

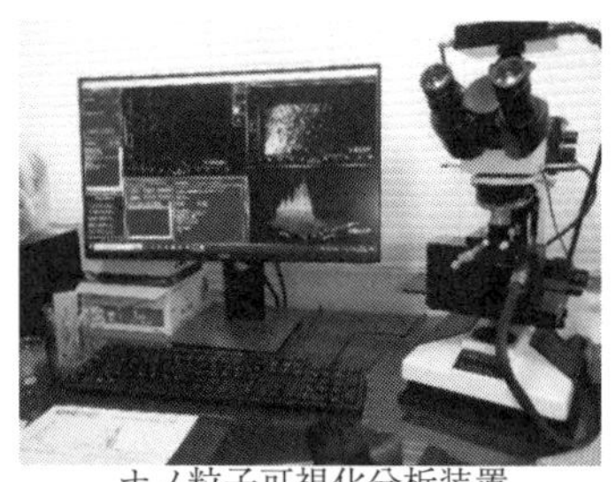
ナノ粒子可視化分析装置

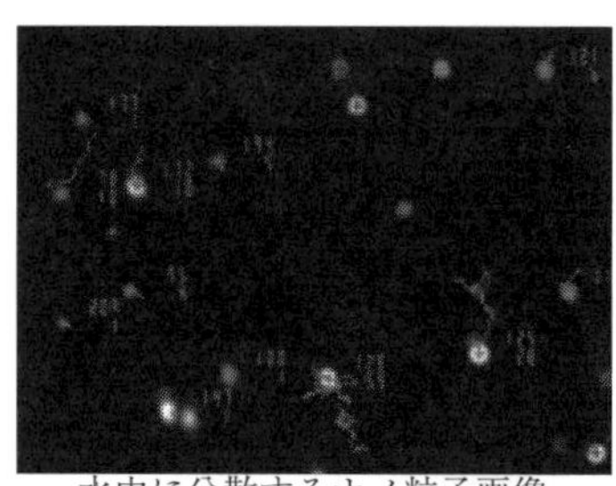
水中に分散するナノ粒子画像

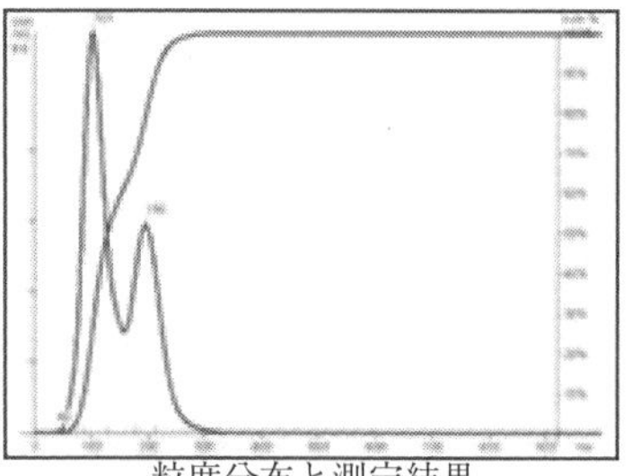
粒度分布と測定結果

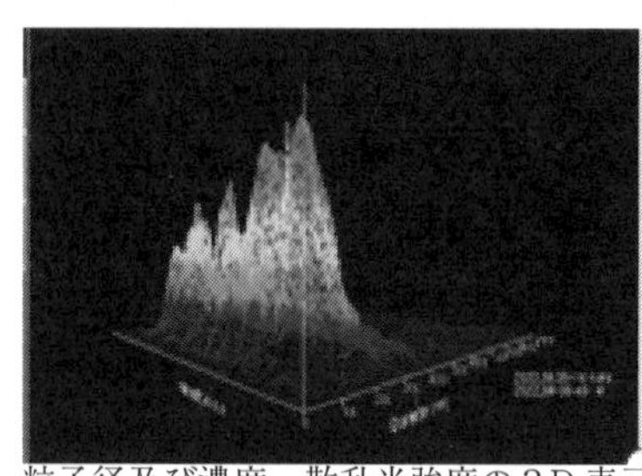
粒子径及び濃度・散乱光強度の３Ｄ表示

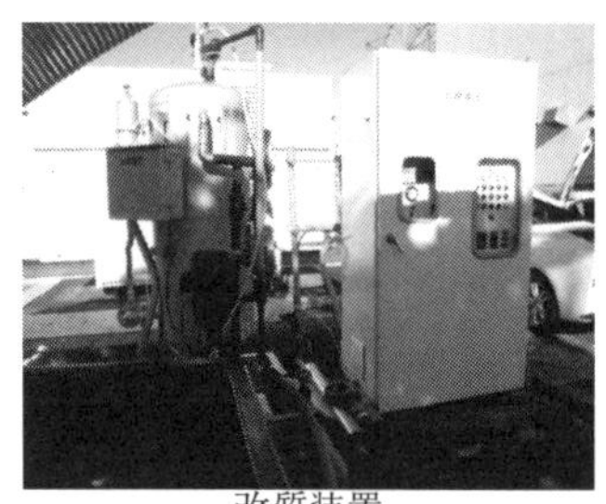
改質装置

第3章

家庭菜園がめざすもの
ケイ酸農法は植物をストレスから
守り生育を促す

●激しさを増してきた環境ストレス

異常気象のせいでしょうか、気温上昇が続き、わが国ではイネの栽培・生産好適地は北上し、北海道へと移ってきました。ここより南の地域では、暑熱のためイネの栽培はだんだんと難しくなってきています。イネだけでなく、野菜・果物にとって、高すぎる気温は生育に障害となります。

植物にとって好ましくない外的要因には、雑草、病原菌、害虫などによる生物的ストレスと、高・低温や乾燥などの非生物的ストレスとがあり、後者を環境ストレスとも言います。非生物的ストレスには、気候のほかにＰＭ２．５や放射性物質にさらされることや、有用ミネラルの凝集※1なども含まれます。

※１：セシウム^{137}Csは、イオウ・マンガン・カルシウム・リチウムなどの微量金属元素を包み込み固まる。作育不良をもたらす。

前者の生物的ストレスに対しては、現代の一般的な農法では、農薬や肥料など化学薬品で対応します。農薬が対象とするのは、害虫、病気、雑草といった生物的ストレスです。肥料なら、植物への栄養補給と土壌への化学的変化によって対応しています。

注：窪田新之助、山口亮子（著）『図解即戦力 農業のしくみとビジネスがこれ１冊でしっかりわかる教科書』（技術評論社　2020年）より

後者の非生物的ストレスに関しては、植物は本来、そのストレスに対抗し、生存率、成長および収量などの低下を抑える能力を持っています。これを環境ストレス耐性と言います。

一般に、植物はストレスを経験することで耐性が高まります。しかし、非生物的ストレスが大きすぎると、抗しきれず、打撃・損傷を受けてしまいます。

作物は種の時点で最大の収穫量が決まっていますが、それは遺伝子が決

定しています。ところが生物的ストレスや非生物的ストレスを受けることにより、本来収穫できるはずの量よりも収量が減ってしまいます。

非生物的ストレスに対し、化学肥料や農薬で対応するのは不可能です。※2

また、一般の農法とは別に有機農法がありますが、この方法も非生物的ストレスに対しては無力です。

※２：本来植物が持つ遺伝子が、化学肥料や農薬に成長をコントロールされているので耐性が弱い。有機農法についても、化学肥料が発酵堆肥などに変わっているだけで、植物の遺伝子を発現させて耐性獲得になっていない。

そこで、環境ストレスに対応すべく、ヨーロッパで登場したのが、バイオスティミュラント（ＢＳ）という新しい発想に立ち、新しい農業資材を用いる、新しい農法です。

●環境ストレスから植物を守る新技術の紹介 ——バイオスティミュラント（ＢＳ）

「バイオスティミュラント（Biostimulant＝ＢＳ）」は、日本語に直訳すると、「生体刺激剤」です。ヨーロッパでは「Plant Biostimulant」という言葉があり、これは「植物（の）生体刺激材料」と直訳されます。２つの言葉は、ともに同じものを指しています。

2011年にはヨーロッパ・バイオスティミュラント産業協議会が発足し、この分野において世界をリードしてきました。わが国にも、2018年に日本バイオスティミュラント協議会が設立されています（https://www.japanbsa.com）。

ＢＳは、農薬でも肥料でもない新しい素材です。ヨーロッパでは、従来の農業資材である「農薬」「肥料」「土壌改良資材」のいずれかの範疇に収まるものではないと説明されています。欧米を中心に注目され、広まりつつある資材の新しいカテゴリーです。ＢＳ資材を使用して行う農業が、バイオスティミュラント農法（ＢＳ農法）です。

整理して説明すると、従来からの農業は次の事柄を中心に行ってきました。

・優秀な作物遺伝子資源の開発
・植物栄養の供給
・生物的ストレス（害虫・病気・雑草）の制御

それに対してＢＳは、悪天候や干害といった環境ストレス（非生物的ストレス）を制御することで植物が受ける打撃・損傷を軽減し、植物を守る役割を持っています。ストレスへの耐性や収量と品質、収穫後の状態などによい影響を与えます。干害、高温障害、塩害、霜害、酸化的ストレス、物理的障害（霜や風の害）、農薬による薬害にも効果があります。

わかりやすくいうと、環境ストレスへの抵抗力を持たせ、植物が本来持っている力を引き出し、収量や品質をアップさせるのです。

ＢＳの資材には、ケイ酸を含む次の６種類があります。

・ケイ酸
・フミン酸／フルボ酸
・タンパク質加水分解物
・植物および海藻抽出物
・キトサンおよび他の生物高分子
・バクテリアなど有益な微生物

食糧増産のために収穫の改善が求められていることや気候変動などを理由に、ＢＳ農法の市場規模は拡大を続けています。『図解即戦力　農業のしくみとビジネスがこれ１冊でしっかりわかる教科書』（窪田新之助、山口亮子　技術評論社　2020年）によると、ＢＳの世界市場規模は2018

年には約22億ＵＳドルでしたが、今後数年間に予想される成長率は年率10％前後と見積もられています。

ＢＳ農法は欧米だけでなく、中国、インド、オーストラリアにも広がっており、これらの国でも市場の急成長が見込まれています。

法律面では、ＢＳは、農薬取締法、肥料取締法、地力増進法、いずれの法的規則にも該当しません。ただし、機能性肥料と呼ばれる肥料成分とＢＳ資材（成分）の混合製品は肥料取締法に基づいて管理されます。

●「天然ケイ酸ミネラル」で「第３の農業展開」を実施

ＢＳ素材は、悪天候や干害といった環境ストレス（非生物的ストレス）を制御することで植物のダメージを軽減し、植物を守る役割を持っています。

ケイ酸はＢＳの重要資材です。風害や低温、高温、乾燥、塩ストレスなどを軽減します。

しかし、その効用は非生物的ストレスから植物を守るだけではありません。いもち病などの病原菌や害虫から植物を保護したり、土壌の栄養のバランスをとったり、金属毒素を軽減したりして土壌を守っています。

また、根によって吸収されたケイ酸は地上部に運ばれ、茎や葉、籾殻など組織の表面に沈積し、それが病原菌や害虫に対して物理的障壁となり、病原菌や害虫の侵入を阻止します。

すなわち、ケイ酸は非生物的ストレスと生物的ストレスを含む複合的ストレスを軽減する作用を持っています。すべてのストレスに対抗できることで、ＢＳ素材の代表格に位置づけられるのです。両方を併せ持つ資材は他には存在しないでしょう。

このことからも、「天然ケイ酸ミネラル」は新時代の農業資材だと言えます。

整理すると、ケイ酸農法と従来からの農法とは次のような違いがあります。

（ケイ酸農法）	（従来からの農法）
非生物的ストレスを緩和する　↓	↑農薬を用いて解消していた
植物栄養の取り込みに寄与する↓	↑肥料を加え植物に栄養を供給する手段
植物をより良い生理状態に　↓	↑土壌改良材を用いて物理的・生理的な変化を与えると考えていた

●ケイ酸農法と農薬農法との違いとは何か？

何を根拠にケイ酸の効能が説けるのでしょうか。農薬との違いは、何にあるのでしょうか。ケイ酸には特別な作用があります。

ケイ酸を含むことによって植物は丈夫になり、病原菌への抵抗性を与えます。また、土壌によっては、水溶性ケイ酸を添加すると、土壌に吸着されているリン酸イオンを遊離して有効態リン酸全量が増し、間接的に植物の生育を良くします。

ケイ酸は植物がより生育するために植物に刺激（覚醒）を与え、高等生物と同じようにDNAの働きに関与（mRNA）する可能性が高く、植物の重要な生理作用を持ち、土中の栄養溶液に「生理的平衡」を保つ働きをすると考えています。

これらの作用は農薬に頼らず、植物の「オートファジー」（細胞が飢餓状態になるとみずからのタンパク質を分解し、栄養源とするシステム）で様々な問題に対処しようとするもので、それゆえ、ケイ酸農法は画期的な農法だと言えるのです。

●ケイ酸農法は植物の遺伝子を覚醒させる

以前から、ケイ酸の効果は、日照不足のような不良環境下で顕著に現れると言われてきました。

私たちは、「天然ケイ酸ミネラル」を使ってこれまで米や野菜を栽培した結果、この水溶性ケイ素がどのような遺伝子を持つ野菜をも、その本質を覚醒させることが確認できました。

人間の場合も、健康を維持・増進し、病気を予防し、寿命を長らえるための遺伝子が備わっていますが、環境や生活環境によってはそれらの遺伝子が眠ったままで働きません。そのため、病気になったり、病気のために本来あるはずの寿命よりも早く命の終わりを迎えたりすることになってしまいます。

一方、心身の健康を育むのに適した環境に身を置き、良き生活習慣を持っている人は、その人本来の遺伝子が覚醒し、健康が維持・増進され、病気も防げます。その結果、天寿をまっとうできるでしょう。

この点、動物の場合も植物の場合も同様です。

話をケイ酸に戻すと、ケイ酸は遺伝子を覚醒させ、代謝効率をアップさせ、収穫量と品質を向上させます。

そして、天候の変化に対する植物耐性を増強し、非生物的ストレス（PM 2.5や放射性物質・有用ミネラルの凝集）から回復させます。

また、栄養素の同化（CO_2やH_2Oから栄養素を合成する反応）および転流（栄養素を果実や頂芽に移動）を行います。そして、鮮度、色、結実の品質が向上します。

ケイ酸が植物の遺伝子を覚醒させることは、生育の状況や葉物、実物などの品質からわかります。従来の農法のときと比べて収量が30％ほどアップします。

現在の農法とケイ酸農法の違いは次のように対比できます。

（ケイ酸農法）	（現在の農法）
・遺伝子の発現（種子本来の持つ遺伝子情報を環境情報およびエネルギーのなかで相互作用発揮させる、機能性ｍＲＮＡを発現した農法）	・植物遺伝子を変化
・収穫・品質アップ（特に天然ケイ酸SiO_4に含まれるカリウム、ナトリウム、マグネシウム、サルフェート、ホウ素などの共存ミネラルが、農作物のストレスに対する生存策として、「抗酸化機能」や「浸透圧調整機能」などの防御機能が働き、糖、アミノ酸などを成果物に集積させ、品質、収穫後の状態および貯蔵についても良好）	・耐性に優れた作物育成種
・収益の改善（生産物によるが、平均で約40％の収量アップがあり、それに伴う収益の改善が期待できる）	・肥料と土壌改良資材
・健康への証明（ケイ酸がもたらす多糖類、ペプチドタンパクなどがヒトや動物の免疫力を高めている）	・農薬を用いた歩留まり

◇現行の農法との比較

農薬取締法

（使用する物質）：殺虫剤・殺菌剤・除草剤　植物生長調整剤その他（殺線虫剤・誘引剤・展着剤など）・生物的ストレス・作物の保護〈物質〉

ケイ酸農法（ケイ酸SiO_4）：増収と活力向上・栄養素の吸収促進・収穫物の品質向上・非生物的ストレスの耐性

肥料取締法：土地に施す、葉に施す植物の栄養、土壌に化学変化を起こす

地力増進法：土地に施して物理的・生物的な変化を起こす

●他の農業資材にはない「天然ケイ酸ミネラル」の特徴

「天然ケイ酸ミネラル」は、温泉由来の天然ケイ酸塩ミネラル液に含ま

れるメタケイ酸（H_2SiO_3）濃度をより安定化してケイ酸ミネラルに改質したものであり、農業用・植物生体刺激資材として世に送り出しました。

ケイ酸資材にはいろいろありますが、「天然ケイ酸ミネラル」は製造過程に化学薬剤を用いない天然素材であるため、植物はもちろん、人や動物が摂取しても無害です。

重金属は含まれておらず、水素イオン濃度（pH）は8.6程度で、強酸でも強アルカリでもありません（土壌障害はもたらさない）。

「天然ケイ酸ミネラル」には次のような特徴があります。

１、農業圃場から失われつつあるミネラルバランスを調整し地力を高め、「天然ケイ酸ミネラル」が中心となって植物の根を助け、成長も手助けし、収量・品質の向上に好成績をもたらします。

２、在来品種を「天然ケイ酸ミネラル」の希釈液に浸種すれば、種子本来の遺伝子を覚醒させ、苗は強く丈夫なうえ、成長過程の生物的ストレスや非生物的ストレス（天候不順・ＰＭ2.5・有用ミネラルの凝集）に対しても、耐性のある成果が期待できます。

３、「天然ケイ酸ミネラル」希釈液を散布すると、土壌に吸着されているリン酸イオンを遊離して、有効態リン酸の全量が増すことで間接的に植物の生育を良くします。

４、栄養素の導化および転流に優れています。

＊補足　有用ミネラルの凝集について（先述あり）

福島第一原子力発電所の事故によって、放射性物質が飛散しました。放射性物質は、放射線を出しながら「放射線を出さない物質」に変わっていきます。放射性物質の量が半分になるまでの時間を半減期と言い、半減期は放射性物質の種類によって異なります。

福島第一原子力発電所では、放射性物質の飛散は関東に限らず、それ以外の地域にも飛散しました。場所によっては放射性物質の半減期に至らない圃場があります。原因物質はセシウムで、セシウムが植物の根の先端で必須ミネラルを凝集させ、肥料成分も含めてミネラル吸収を不能に陥らせます。

＊補足説明　栄養素の導化および転流
導化とは、光合成産物や窒素化合物など、成長に必要な物質に変化させ、供給することです。転流は、葉脈（葉の筋）に栄養分を届け、光合成を盛んにするための運搬です。

●「天然ケイ酸ミネラル」はもっとも吸収しやすいサイズ

水の中に含まれるミネラルの量は普通、ppmで表します。カリウムもナトリウムも、ケイ素もppmで表しますが、この単位は重量、濃度を指しています。g（グラム）やℓ（リットル）などの単位とは違い、水1㎥の100万分の1という質量を表す言葉です。

ケイ酸も200ppmなどと言いますが、この単位は粒子の指標ではありません。

粒子の大きさはどうなっているのでしょうか。

植物にとっても人間にとっても、重要なことは吸収できるかどうかで、粒子が小さいほどよく吸収されます。カリウム、ナトリウム、カルシウム等は陽イオン表示され、一方、ケイ酸はコロイドを表します。

そこで、環境分析計量という、水の中に含まれている物性を数値化する分析機器を使用しますが、ケイ酸はコロイド粒子で水和しています。

英国マルバーン社の分析機器を用いると、水の中に含まれるケイ酸の質量サイズを数値で知ることができます。10～1000ナノメートルの範囲で分析できます。

ナノメートル（略して、ナノ・nm）は、国際単位系の長さの単位で、10億分の1メートルです。以下、「nm」と表記します。

ミネラルは粒子が重要であることを初めて公に示したのはヨーロッパです。ヨーロッパ・バイオスティミュラント産業協議会では、ケイ酸は20

〜 40nm の粒子が地球の生命体にもっとも適用し、もっとも必要であると定めています。

ケイ酸は、吸収しやすいサイズであることが重要です。ヨーロッパの文献には次のように述べられています。

「ケイ素、マグネシウム、イオウを多く含む肥料を葉面散布すると、作物が異常気象に強く生育が良くなり、生育収量、品質が向上する」
「合成シリカ粉末は非晶質で直径が 10 〜 100nm である。20 〜 40nm の大きさのシリカナノ粒子は、葉面散布においてもっとも一般的に使用されている」

（『バイオスティミュラントに分類される安定化ケイ酸のすばらしい効果』
出典：〈総説　異なるケイ酸化合物を用いた葉面散布の効果〉より。
翻訳：Review The Effects of Foliar Sprays with Different Silicon Compounds：「総説 異なるケイ素化合物を用いた葉面散布の効果」より
一般社団法人　食と農の研究所　理事長兼所長・渡辺和彦、翻訳担当・白川仁子）

「天然ケイ酸ミネラル」は、1000 倍に希釈したときのナノ粒子が 20 〜 40nm であることが、英国マルバーン社の分析機器で調べた結果、確認されています。

私たちは、植物栽培に「天然ケイ酸ミネラル」の希釈液を使用することを勧めていますが、苗に用いるだけでなく、葉面に散布することも勧めています。サイズが小さいからこそ、葉面に散布されたケイ酸が植物に吸収されて浸透し、植物全体に行き渡り、成長に寄与するのです。

ちなみに、20 〜 40nm は、人間が摂取した場合も、腸でもっとも吸収しやすいサイズです。ケイ酸粒子の可視化で解説したのは私以外にありません。

●農業におけるケイ酸の循環に問題が生じている

ケイ酸はイネの生育には欠かせません。イネはそもそも、他の穀類や野菜、果物と比べても、生育に特にケイ素を大量に消費します。

そういう性質があるうえに、連作され、かつ反あたりの収量を上げるために密植多窒素栽培されています。そのため、イネの大きなケイ酸収奪力は長年の間に水田土壌のケイ酸供給能力を低下させます。

老朽化水田のように、イネに対して十分なケイ酸を供給できない状態の水田が多くなっています。

加えて、現在では、鉱滓のような安価なケイ酸資材が製鉄工場から大量に供給されないようになりました。また、かつては主なケイ酸の供給源だった稲わら堆肥が、労働力不足のために施用されなくなりました。

これら肥料的背景や社会的背景も、水田のケイ酸不足を助長することになっています。

さらにもう１つ大きな理由は、これはミネラル全般に及ぶことですが、化学肥料の長年の使用です。化学肥料を長年施用し続けた土壌は、年を経るとともに土壌中のミネラルが地下へ流出したり、農作物によって吸収されたりしてミネラル類が減っていくため、ミネラル類のバランスが悪く、土壌中のミネラルの循環が困難となります。

ケイ酸はもともと、他のミネラルを土壌から取り込む働きを持っています。そのケイ酸が減少するとミネラルも全般的に減少し、土壌のミネラルの循環に支障が出てきます。ケイ酸は、土壌のミネラル循環をも掌握していると言えるからです。

以上のような複合的要因によって現在、農業におけるケイ酸の循環に問題が生じています。圃場の土壌における循環はもとより、この問題を解決する資材として開発されたものが、可視化した「天然ケイ酸ミネラル」です。

●「天然ケイ酸ミネラル」の作物への効果

植物中にケイ酸があるとカビ病に対する抵抗性があり、表皮に沈着するカビから植物を保護します。また穀類では、ベト病感染への抵抗性を増します。

土壌中の低放射線（137 Ｃｓセシウム・Ｓｒストロンチウム・Ｃｏコバルトなど）は、イオウ・鉄・マンガン・カルシウム・リチウムなどの金属微量元素を包括します。そのため、農業分野では肥料成分の相乗効果や拮抗作用のバランスがとれず、肥効性が悪くなり成長障害をもたらします。

その結果、有機態タンパク結合に必要なイオウがなくなり、土壌はアルカリ性に傾き良好な出来の野菜とはなりません。ミネラル不足の野菜です。「天然ケイ酸ミネラル」は、この問題も解決できる水溶液です。

◇天然ケイ酸が効いている作物の特徴

・ケイ酸が吸収されているときには炭素の多くはアミノ酸に合成され、吸収が止むと炭素は糖類に換わります。

・カビや病気、または害虫に対して、作物を保護する働きがあります。

・ケイ酸は籾殻種子の重要な栄養源です。

・ケイ酸効果として、根の発育がよくなります。

・茎は太く頑丈で、分株などで節間が狭くなります。

・気温、水、害虫、天気、病気などのストレスに強くなります。

・重量が増え、全体の収量も増え、日持ちがよくなります。

・肥料は少なめのほうがよい生育をします。

●「天然ケイ酸ミネラル」の着眼と農業活用に至るまでの経緯

2004 年（平成 16 年）宜野座村堆肥センターが完成しました（施主：宜

豚糞尿の搬入　堆肥舎併設・豚糞尿処理施設　機械室設備

野座村　施工：日立プラントテクノ(株)総工費：752,000,000円)。内閣府さとうきび蓄対策事業として行われたもので、私も建設に関与しました。

これは3種の畜産廃棄物（牛・鶏・豚糞尿）を堆肥化して、宜野座村の耕畜連携・資源循環で、目的は農産品、特にさとうきびの糖度を向上させる農業振興の一環です。

私の役割はオゾン併用・活性汚泥処理方式の実施で、日量70㎥処理を行い、熟成槽を経て圃場散布に用いました。完熟堆肥も同様に農家さんに分配されていました。

発酵堆肥種菌は、枯草菌（バチルス）とマイロ粉・ふすま・糖がベースで、鉱物ミネラルは麦飯石・黒曜石（ケイ酸質）の粉体を混合していました。発酵は畜糞含水率を60%に調整し、種菌を適宜混合のうえ堆積し、発酵日数ごとにショベルローダーで切替えして、熟成しています。

農家さんに分配した完熟堆肥は、各々の生産野菜の発育に貢献しています。

以下は、完熟堆肥とともに液肥散布の状況です。

◇沖縄県土壌概要、島尻マージとは

沖縄県には、島尻マージという特有の土壌があります。島尻マージは、沖縄本島中南部、宮古群島に分布し、古代の珊瑚の化石である琉球石灰岩の風化作用によりできた土壌です。赤褐色で、琉球石灰岩が混ざる粘土質の土壌で、透水性はよく、晴天が続くとすぐに乾燥してしまうため、安定した灌水設備が必要です。アルカリ性が強く、酸性を好む果樹（パイナップル等）には不向きです。そこで、ジャーガル（重粘性土壌）を客土（他から性質の違う土を持ってくること）したり、牛糞堆肥等の腐植分を補給したりして土づくりを行うことで、保水性が改善され、豊富なミネラル分を利用して栽培が行われています。

注：「沖縄雑貨うりずん」HP（https://okinawaisland.jp/soil.html#variety）には不向きです %E3%80%82）より

●「天然ケイ酸ミネラル」を活用した沖縄の農産品

◇ 2023,7,17 沖縄県国頭郡宜野座村松田 山内さんの家庭菜園

80 歳を過ぎた家庭菜園を楽しむご夫婦です。私が 19 年前の堆肥センター建設時にお世話になった交友が今に続き、２年前から「天然ケイ酸ミネラル」を試行いただきました。台風時の野菜の倒れの復旧や、生育野菜が素晴らしく喜んでいただいています。

野菜各種には、ケイ酸ミネラルを 500 ～ 1000 倍に薄めて、灌漑用途に散水をお願いしました。生産品目は、ヘチマ、冬瓜、パパイヤなど熱帯野菜で、雨天以外は圃場の散水は欠かすことはできません。次ページの写真は、ゴーヤ果肉部の細胞組織です。同じくゴーヤ果汁のケイ酸による転流栄養です。

ケイ酸を使用して育てた島バナナ
右：2023 年の収穫

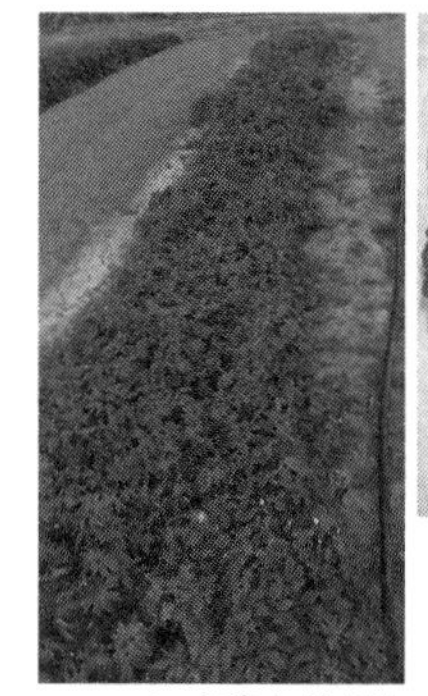
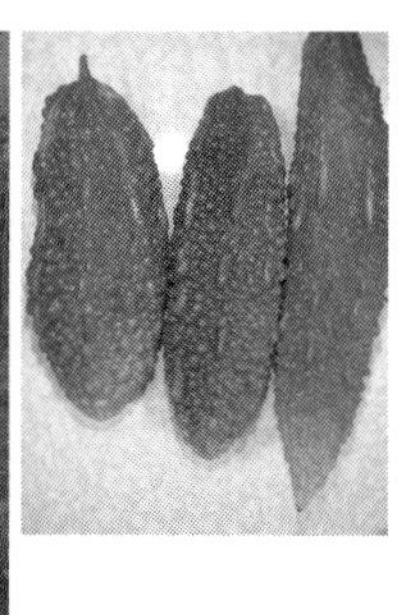

ケイ酸を使用して育てたゴーヤ
左：路地植えで育てた

◇畜産廃棄物の有用資源堆肥化に携わって

堆肥化は３種類を混合する堆肥が最も効率良く、C/N 比（炭素率）は土壌改良効果と肥料効果の適した「比率 10 ～ 20」の範囲で完熟堆肥でした。この技術は沖縄が最初ではなく、鳥取県 JA 東伯の発酵施設をモデルにして、吉田忠幸氏の発酵施設考案と平井孝志氏の所有する、枯草菌（バチルス・サブチルス）の発酵技術は有名でした。

特に、平井孝志氏は発酵とミネラルに精通し、私も教えを受けた一人です。この 30 年前からケイ酸科学の実践の必要性に気づく機会があったならば、当時から、農産品・ミネラル・健康への足掛かりは始まっていたでしょう。ただし、ケイ酸は環境計量分析でメタケイ酸 ppm 数値でしか判別できません。 本来の元素性質を示す液状コロイド粒子の把握は重要で、この分析把握によって多目的用途の道が広がるものと考えています。

◇クコの果実液を観察

石川礼子　（美容家・ＮＰＯ法人ＬＡＦ代替医療学会）

石川さんは、経営する美容室で、観葉植物や野菜をポット栽培しています。栽培に「天然ケイ酸ミネラル」を使用し、その効果を常に確かめられています。

石川さんが育てたクコの果実の絞り汁を「ナノサイトＬＭ１０」を使って観察しました。

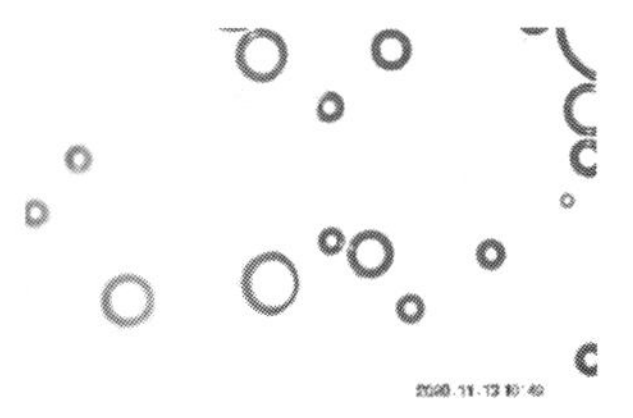

生物顕微鏡 150 倍で観察すると、六角細胞が発現しています（左：顕微鏡で観察した画像）。

黒い輪は光合成を行う緑色クロロフィルと考えられます。ケイ酸の転流促進（葉脈への転送）が顕著です。

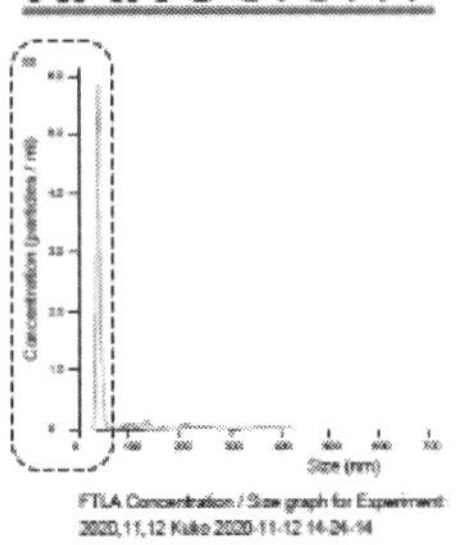

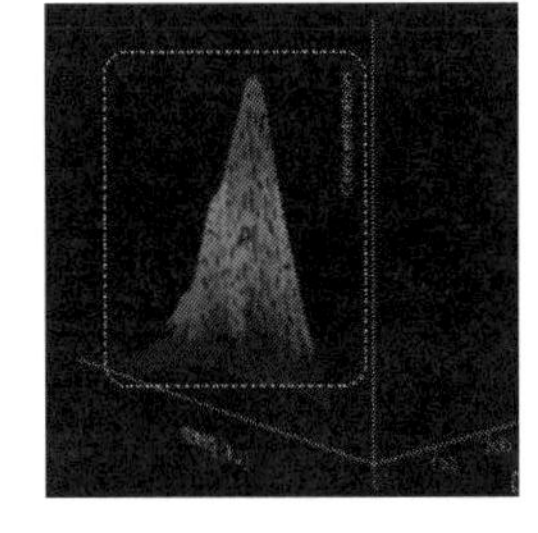

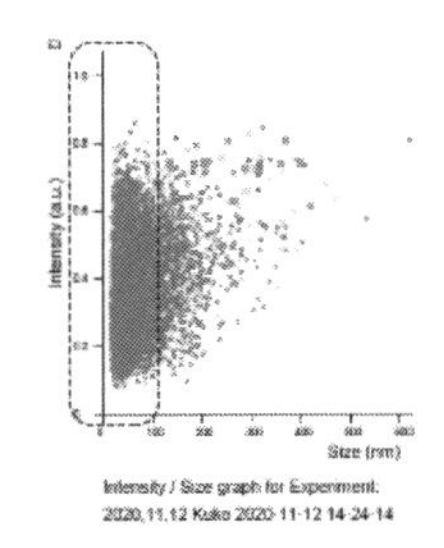

①　40nm。腸内吸収は 20 ～ 40nm が優れる

②　無機粒子 100nm 以下がもっとも多い

●野菜、果物の栽培にも、もっと求められるケイ酸肥料

イネ科の植物はケイ酸含有量が多いことが知られています。その代表はイネで、イネはケイ酸をもっとも多く必要とする典型的なケイ酸植物です。ケイ素の研究で知られる、高橋英一・京都大学農学部教授は、「ケイ

酸含有率の際立って高い植物種はケイ酸要求性をもっているとまずみてよく、植物界にはケイ酸好きの植物の系譜が存在しているようである」と述べています（出典：『生命のなかの「海」と「陸」』高橋英一著）。

植物は種によって、ケイ酸を必要とする度合いは異なると考えられています。

植物は土壌からケイ酸を吸い上げますが、吸収の能力や率は種類によって違います。たくさん吸い上げるということは、その植物がケイ酸を多く必要としていると考えられます。

イネの場合、強いケイ酸吸収力を持っている上、水田は水がたたえられており、他の野菜などの圃場よりもケイ酸が豊富です。そのことも相まって、他の植物よりも多くのケイ酸を吸収することになります。

それでは、他の野菜や果物などの場合はどうなのでしょうか。実は、個別のデータはないようです。

高橋教授の研究を参考にすると、ケイ酸を好む植物としては、水稲の他に竹、サトウキビなどがあります。高橋教授の研究によると、トマトのケイ酸吸収量は水稲の10分の1程度です。この違いは、両植物（水稲とトマト）のケイ酸吸収力の差異を示しているとのことです。

それでは、水稲以外の植物はケイ酸をさほど必要としていないのでしょうか。

そんなことはありません。ここまで縷々述べてきましたが、環境や土壌のミネラルの循環に支障が出ているし、土壌のケイ酸（天然賦存量）は減少してきています。

論より証拠です。ケイ酸農法で栽培した結果、様々な植物・果物に大きな成果が得られています。その結果から、やはり資材としてのケイ酸の効果は大きいと思われるし、ケイ酸が不足していた証拠と考えられます。

ケイ酸と同時に他のミネラル類も補われた結果でしょうし、それはミネラルが全般的に不足していた証拠だと言えるのではないでしょうか。

イネ以外の植物はケイ酸をさほど必要としていないという見方は、知識・認識不足です。かつては計測不可能でしたが、最近では分析機器の登場でその必要性を把握することができるようになりました。すべての植物は根から分泌される酸によって土壌中のケイ素をケイ酸に変換しますが、その率はわずか0.01％です。

ですから、イネに限らず、あらゆる種類の作物にとって、まず重要なことは根の環境のケイ酸吸収を高くすることです。ケイ酸が多くなることで、成長性、味、保存性が従来農法に比べ根本的に変わり、成長、味、保存ともに良くなります。

●農薬も化学肥料も用いない50年前の農法を再現

昭和20年代半ば、群馬大学の太田教授や富山県農業試験場の小幡宗平技師などが水稲栽培にシリカ鉱滓を用いた研究・実践によって、ケイ酸の効用が明らかになりました。

それを契機に昭和30年（1955）、農林省はケイ酸を世界で初めて公定肥料に認めました。

ここから、ケイ酸は米の増産の強い味方として認められ、ケイ酸質肥料の生産量と使用量が増えていきました。そして、昭和43年（1968）に生産量が138万トンとなり、この年は米生産のピークに達しました。

それが翌年からケイ酸質肥料の生産高は減少していき、最近は27万トンまで激減しています。

その原因の１つは米の消費量が減ってきたからですが、もう１つの理由として、農薬・化学肥料を使用する現代型農業の傾向がますます色濃くなっていったからです。

農薬と化学肥料を使用して収量を増やすという発想と方式の農業には、ケイ酸は必要ないとばかり、軽視されるようになったのでしょう。

かつて水稲栽培に用いられた鉱物残滓のケイ素・ケイ酸は、植物にとって遅行性（施肥効果が遅れること）であり、土壌pHも８あたりで持続します。この場合、水稲収穫後の土壌には栽培野菜の選択性があって、どういう種類の野菜をもまんべんなく育てるには土壌pHは6.5あたりが望まれるからです。本書で取り上げている「天然ケイ酸ミネラル」は、土壌のpHを変化させることなく、野菜や果物の生長を促進します。

ところが、現実の農業は無残な状態です。栽培農家は大規模に生産する場合、農薬と化学肥料に頼らざるを得ないのでそうしますが、自分たちが口にする農産物には農薬は使用しません。

自分たちは安全なものを食べる一方で、消費者には安全ではないものを提供する。生業・事業のためには仕方がないことかもしれませんが、それでよいのでしょうか。

私たちは、現代型農業とは別の、ケイ酸（天然ケイ酸ミネラル）を主軸とした第三の農業を提唱し、実践しています。

前述したように、米生産量がピークに達したのが昭和43年（1968）で、翌年からはケイ酸質肥料の生産高は減少していきました、この頃が農薬・化学肥料使用の現代農業への転換期ととらえると、それからおよそ50年です。

農薬も化学肥料も用いないのが理想で、「天然ケイ酸ミネラル」があればそれが実現できます。ケイ酸農法は50年前の農業に戻すことでもあるのです。

●（コラム）席巻する種 F1 種は様々な問題をはらんでいる

種苗法改正に反対しています。㈲ヤマナカ　代表取締役　山中雅寛

2020 年 11 月 12 日　参議院会館の前で山田正彦先生

2020 年 11 月 19 日
野口勲先生と面談

山田正彦先生（元：農水大臣）と共闘し、野口種苗研究所・野口勲先生を訪ねる。

2020 年 11 月 12 日　参議院会館の前で山田正彦先生他、関係者と種苗法改正の反対集会に参加しました。

2020 年 11 月 19 日　野口勲先生と面談。「タネが危ない」活動も御教授いただきました。

要約　種子：F1 種について～昔からある品種は在来種、新しい品種はＦ１種と考えられる。

Ｆ１種は１代限り。これに対し在来種は、品種としての特性が親から子、子から孫へと代々保たれている。ゆえに、世代を越えて種として存続し、在来種が長い年月をかけて環境に適応しながら生き延びてきた証し(野口種苗研究所は在来種取り扱いで日本の権威)。

生命の操作～人為的な生命操作技術の先には遺伝子組換え技術がある。

遺伝子組換え技術を使えば、植物の遺伝子と動物の遺伝子を合体させることもできる。科学が植物のみならず動物の生殖にも介入するようになり、ようやく倫理的な視点が生まれてきた。

農業の“緑の革命”のからくり～緑の革命は、Ｆ１ハイブリッド種の導入により農業の近代化を達成した成功例として称賛されてきた。しかし結局は緑の革命は失敗に終わった。それは、Ｆ１種と、それと同時導入された化学肥料と農薬の影響。Ｆ１種の栽培は多肥が前提。Ｆ１種、化学肥料、農薬、この３つは、近代農業に必須の３点セット。今では病害虫、土壌汚染、多額の負債、貧富の格差といった問題を抱えるようになった。

種子支配～Ｆ１種の普及は、深刻な事態をもたらしている。種の多様性が、どんどん損なわれると同時に、種子支配も進行している。Ｆ１種が普及すると農家は毎年その種を種子会社から買うようになり、これまで自ら行っていた採種をしなくなる。結果、その地域で固有に存在していた伝統的な品種が放棄され、次々と消滅している。

現存する種の多様性を守ることは、調和のとれた都市の魅力や各々の民族の伝統を尊重することと同義である。市民団体やＮＧＯなども、在来種を保存したり自家採種を実践する草の根の活動を展開している。

現行農法は、３点セットと言われる農薬、化学肥料、それらの使用に耐える品種が必須。しかしその過程で品種が画一化され、土壌を劣化させてきた事実がある。まずはこのことに向き合わなくてはならない。私たちは永続的な農法を採用すべき。農薬と化学肥料を使わないことを前提とした品種である。循環する種子を復活させ、永続的な農法へ転換する。これができるか否かは、私たちが自然に対して真摯な態度をとれるか否かにかかっている。

[参考図書]：ヴッパタール研究所編著『地球が生き残るための条件』
ミシェル・ファントン、ジュード・ファントン著
『自家採種ハンドブック』より。2002年２月

第4章

ケイ酸農法の実践・コロイド粒子——「天然ケイ酸ミネラル」が作物の質・収量を向上させる

●「天然ケイ酸ミネラル」の用途、希釈率、施用時期

農業資材としての「天然ケイ酸ミネラル」の用い方は、基本的には、化学肥料などの従来からの農業資材の場合と変わりありません。

いつどのように使うかは植物によって異なりますが、ここでは基本的な方法を概説しましょう。作物別の使用法は別個に説明していますから、そちらを参照してください。

用途は、非生物的・生物的ストレスからの防御、発芽の促進、苗の生長に用います。

原則として、希釈して使用します。希釈率は植物や用途、施用時期などなどです。

発芽のときは、希釈液に浸漬して、発芽を促します。発芽後は、植物全体に定期的に散布します。

３章で説明しましたが、植物は土壌のケイ酸を根から吸い上げます。体の中に入ったケイ酸は細胞の中にも入りますが、一方、葉の表面に蓄積し、非生物的ストレスからも生物的ストレスからも植物自身を守る働きをします。

こういう働きがあることから、農業資材としてのケイ酸も積極的に葉に散布することによって、抗ストレス力の増進を図ることができます。

水稲には、種籾、発芽にも用いますし、水田には原液を入れます。レンコンの蓮池も同様に原液を入れます。

しいたけには、乾燥前の浸漬に「天然ケイ酸ミネラル」を用いるし、冬季の原木（粘菌の腐食防止）にも用います。

また、果樹は、消毒時に消毒液に「天然ケイ酸ミネラル」を併用します。

次のページに、希釈率を基本に、植物や用途、施用時期などによる用い方の違いを表にまとめました。

希釈倍率	1,000倍希釈	2,000倍〃	4,000倍〃	8,000倍〃	10,000倍〃	20,000倍〃
24.9～6.04億個/cc	11.2～5.36億個/cc	13.7億個/cc	8.05億個/cc	1.95～2.6億個/cc	1.88～1.38億個/cc	1.01～0.06億個/cc
用途事例	①水稲の種子発芽 ②しいたけの乾燥前の浸漬 ③家庭菜園	①路地栽培野菜散水 ②ハウス栽培は5日毎	①花き類 ②レンコン池	①レンコン池	①水田	①水田
活用頻度	①種籾浸漬 4日間 ②原木しいたけ浸漬 10分間	①雨天は避ける	①花きは葉の状態で薄める ②レンコンは1反/原液20L施用	①レンコンは1反/原液20L施用	①水田は1反/原液20L施用	①水田は1反/原液20L施用
施用時期	①春の種籾 ②冬季の原木栽培	①各種の季節野菜 ②果樹は消毒時に併用	①②随時			
メリット	①2株/30cm間隔の植え付け ②味覚UP	①②開花が多く糖度が高い	①②連作に強い	①重量30%UP	①カメムシ減少 ①粒重UP一等米	①カメムシ減少 ①粒重UP一等米

表の注釈：製品原液及び希釈倍率による個数表示は、原液の重量比（ppm又はmg/ℓケイ酸粒子100nmをピークとする粒子は25億個/cc、原液300mg/ℓです。
ちなみに植物根で産出できるケイ酸濃度数値は1000個/ccと見込んでおり、水田及び灌漑水からのケイ酸供給量は5mg/ℓ以下と想定しています。

●水稲栽培での農業資材としてのケイ酸の必要性と効用

水稲栽培に農業資材としてのケイ酸は欠かせません。イネにとって必要性と効用があります。

土壌や作物のミネラルを研究してこられた高橋教授は、ケイ酸質肥料が日本で誕生した背景として次の5つを挙げています（参照・高橋英一著

『作物にとってケイ酸とは何か――環境適応力を高める「有用元素」』農文協　2007年)。

第1は、日本の最重要作物であるイネが、大量のケイ酸を吸収する栄養生理的特性をもっているという作物的背景です。

第2は、この大量のケイ酸を吸収するイネが連作され、かつ反収を上げるために密植多窒素栽培されるという栽培的背景です。

第3は、老朽化水田のような、イネにたいして充分なケイ酸を供給できない水田が多いという土壌的背景です。

第4には、鉱滓のような安価なケイ酸資材が、製鉄工場から大量に供給されないようになったという肥料的背景です。

第5には、過去の主なケイ酸の供給源であった稲わら堆肥が、労働力不足などのために次第に施用されなくなったという社会的背景です。

●水稲 — ケイ酸で窒素の適量が上がり、倒伏が防げ、増収

水稲栽培の場合、施肥との関係では、ケイ酸は窒素の適量を上昇させる効果の大きいことが広く認められています。

窒素の施肥は適量を超えると水稲に倒伏や羅病、葉身の下垂による相互遮蔽を引き起こして収穫量を減少させますが、ケイ酸にはこれらを防ぐ効果があるので窒素の適量をコントロールしています。すなわち、窒素を一般的に適量と考えられている量よりも増やしても、倒伏や罹患、葉身の下垂などが起こりません。

結果的に、収量増により純益が上がります。

効用はそれだけではありません。先に述べましたが、間接的な効果、すなわち病虫害への耐性向上による農薬の節減、コメの変色による等級引き下げの防止効果などの経済的利益が向上します。

一例を挙げると、ケイ酸を用いると水稲反当たりの窒素施肥量が標準値7～8kgの場合、6～7kgの施肥でまかなえ、7俵（450kg／10a）

の収穫です。その他、畑作では土壌のリン酸施肥50％削減、化学肥料、殺虫剤の施用回数削減などにより経費節減ができます。

●水稲栽培における「天然ケイ酸ミネラル」の使用法

水稲栽培では特に、ケイ酸が栽培成否の鍵を握っていると言って過言ではありません。苗の発芽から田圃の整地、イネの生育・成長まで、全行程でケイ酸を活用します。

◇浸種、発芽

種籾の選別が終われば浸種をします。殺菌の目的などで、お湯につけて侵漬する場合も、お湯を沸かすときに、「天然ケイ酸ミネラル」を500倍に希釈してください。希釈は、４日間溜め置きした水を用います。

種籾をＪＡから購入して使用する場合は、そのまま浸漬を行ってください。発芽トレーに詰めた培土に均一にばら撒き、発芽庫で30℃で管理します。

発芽器を使用する場合は、加湿スチームも水も「天然ケイ酸ミネラル」500倍希釈液を使用してください。水（ケイ酸希釈液）を循環させれば、さらに効果が上がります。

３日間浸漬すれば発芽が始まります。時折、蒸発皿の水分補給（天然ケイ酸ミネラル）を行ってください。

・籾種量

種箱１面当たり、197ｇ（浸漬を終え水分を含んだ状態での重量です）の種を基準に発芽させます。

発芽器の使用には、加湿スチーム水も「ケイ酸ミネラル」を500倍に薄めて使用してください。

◇発芽促進のための苗床（育苗箱・種箱）への散水

育苗箱への「天然ケイ酸ミネラル」の施用は、苗のケイ酸含有量、葉身の直立度を高め、苗質向上に効果があります。苗箱トレーの水抜き穴は小さいものを選んでください。

「天然ケイ酸ミネラル」1,000倍希釈液を適宜、散布してください。

温度設定は地域ごとで異なりますので、ご注意ください。

◇水田の整地（昨秋の刈取り株の消化は、バチルス菌活用をお薦め）

田植えの前に「天然ケイ酸ミネラル」原液を反当たり20ℓを散布します。

◇田植え

イネの本数を１～２本程度で植えてください。通常、イネの植え付けは、５本を16cm間隔ですが、富松龍二さん（大分県在住。2017年11月６日　毎日新聞・農業優良賞共同入賞者）の実施事例に倣うと、28～30cm間隔です。

約１か月後から分株が始まります。富松さんの場合、米粒が大きく、５本植え付けと同じ収穫でした（毎年の収穫量が一定していることも水田保全の重要性だとか）。

25　2017年（平成29年）11月9日（木）　毎日新聞

毎日農業記録賞

MAINICHI
毎日新聞
11月9日（木）
2017年（平成29年）

オゾン技術でエコ

京都・広見さん
大分・富松さん

優良賞

里山の風景取り戻す

◇作業備忘録

・苗床管理：「天然ケイ酸ミネラル」の1,000倍希釈液を使用すると、苗の水を吸収するスピードが速いのでこまめに苗床の乾きを見て、水をあげてください。

・育苗箱・種箱への播種：自動播種機を使用します。従来より少なめに播種してください。苗1～2本を田植機で植えます。

・水田の水張りは、耕す前に高圧ポンプなどを利用して、「天然ケイ酸ミネラル」20ℓを10,000倍に希釈して散布します。散布後3～4日後に耕します。

水張りは掛け流しをしないでください。蒸発分のみ水を補給するようにします。

・肥料などは従来より少なめにします。

・水以外は従来のやり方で育ててください。すべての水は「天然ケイ酸ミネラル」を1,000倍に希釈して散水でお使いください。

・除草について：除草剤を使用することに水稲の成長弊害はありませんが、除草剤の使用は農薬残留米となりますので、注意書を読んでから判断してください。

・カメムシが発生する時期が来ると、その対策で農薬を検討されると思います。「天然ケイ酸ミネラル」を施した水田は、カメムシ対策用農薬の散布をせずに、穂ばらみ前に「天然ケイ酸ミネラル」1,000倍希釈液を適宜散布します。[※1]

・水抜きの時期は、今まで通りのタイミングで行ってください。

・実りの前後の時期に、下記のことをよく観察ください。

①稲の分けつ（田植え後1か月程度）

②稲のたおれ

③稲穂の実りとたれ具合

④刈り取り時の米粒の大きさ

・刈り取り後は、多毛作するしないにかかわらず、田んぼが乾いてから、「天然ケイ酸ミネラル」1,000 倍希釈液を、水張り前と同様に散布すると、翌年の収穫に差がつきます。※2

※1：カメムシ斑点対策がネオニコ系農薬の使用を増やし、玄米に残留しています。それは、玄米の検査規格規定にある、厳しすぎる等級のせいです。千粒に1つ着色粒があれば一等米、2粒から3粒あれば二等米になり、等級が下がれば買取価格が下がります。農家は一等米を目指してカメムシ防除に励むことになります。
（安田節子著 『私たちは何を食べているのか まともな食べ物がちゃんと手に入らない日本』 三和書籍 2022 年 11 月）

※2：刈り取り後の圃場の「株」の次シーズンまでの分解は、反当たり例えば、400g/ 反でバチルス菌および硫安 10kg/ 反の直播を行うなどの工夫をします（次シーズンの施肥も兼ねる）。

●しいたけ

しいたけ栽培には大きく分けて2つの方法があります。1つは自然に近い状態で育てる原木栽培で、もう1つは安定して育てられる菌床栽培です。

◇原木栽培の方法

原木しいたけ（栽培）は、クヌギ、コナラなどの原木を 1.2 mに切り出し（太いものは 1.0m）、しいたけ菌を植え付け（原木へのしいたけ菌糸の種駒打ち）、原木の養分を分解しながら自然の中で無農薬栽培されます。

種菌を植え込んだほだ木が、完全に活着するよう、保温・保湿に気を配るとともに、紫外線を嫌うホダ木を日陰で湿気のある場所に置いておきます。置き方は、ホダ木を立て、周りを黒いビニールで覆います。

伏せ期間は約2年間です。

発育期間までは長期にかけて、原木の粘菌、変形菌、藻菌類による腐食防止の対策が求められます。対策法としては、「天然ケイ酸ミネラル」原液をしいたけ原木に散布します。変形菌綱、藻菌類の共生を防ぎ、原木の腐食を防ぎます。

ちなみに、粘菌は真性粘菌（変形菌）と細胞性粘菌に分けられます。不思議なことに、粘菌は動物的性質と植物的性質を併せ持つ原生動物の一種で、アメーバ状の活性と菌類の子実体をその生活環境の中に持ちます。すなわち、アメーバ運動をして栄養分をとり、球形、円柱形などの胞子嚢を出す微生物です。「天然ケイ酸ミネラル」液をホダ木に散布すると、粘菌発生の進行は止まります。

「天然ケイ酸ミネラル」は土壌改良剤としては使用しません。ケイ酸は植物栄養分としては必須ではないからです。ただし、しいたけの表面に沈着すると、カビから保護したり害虫から防御したりします。

◇原木栽培地への対策

「天然ケイ酸ミネラル」を原木しいたけ栽培場所に活用します。しいたけを加害するキノコバエの防除のためです。

●レンコン

レンコンは、蓮（ハス）の根茎部が伸びたものです。水稲と同様、水田で育てます。種レンコンを水の底の地面に植え付ける方法と、苗を水の底の地面に植え付ける方法とがあります。

◇作付け準備

種の植え付け時期は、３月から４月です。

圃場土壌検査によってpHが6.5以上程度であることを確認し、米ぬか、魚粉、堆肥などの肥料とともに、「天然ケイ酸ミネラル」原液40ℓを10ａに投入（希釈散布）します。１週間放置した後、耕耘してから種植えを行って水を張ってください。

◇収穫

植え付けを４月下旬に行った場合、収穫は９月上旬になります。

地上部を刈り取り、灌水して地下部への酸素を断ちます。こうすることが、白さの秘訣です。これは地下系の土壌に含まれる鉄分の植物が吸収しにくい三価の鉄が還元し、二価の鉄に変わり、根が白くなります。遊離酸化鉄を 1.5 ～４％程度に保つことが重要です。

「天然ケイ酸ミネラル」を使用して栽培すると、節が太く長いレンコンができます。可食部が秩序ある組織になっています。おいしいし、収量も増えます。

●じゃがいも

次のような手順で行います。

①　あらかじめ有機肥料を施し、「天然ケイ酸ミネラル」1,000 倍希釈液を圃場に散布します。うね立てを行い、マルチシートで覆っておきます。

②　種芋は、１週間程度陰干ししてから断裁後、「天然ケイ酸ミネラル」500 倍希釈液に１日漬けておきます。

③　次に種芋を埋め込みます。マルチシート穴開口部に「断裁した切り口を上面にして」埋め込みます。

④　発芽の伸長を見て、伸長具合に応じ、７～ 10 日間隔で「天然ケイ酸ミネラル」1,000 倍希釈液を散布します。

⑤　花が咲き、枝が枯れたら収穫時です。収穫したじゃがいもは、泥つきのまま低温で保存しましょう。

●そら豆

そら豆は栽培期間は長いのに、収穫期間は短いのが特徴です。「天然ケイ酸ミネラル」を使って栽培すると、大きく、とてもおいしい実に育ちます。家庭菜園でも育てられます。

次のような手順で行います。

① あらかじめ天候の良い日を３日選び、圃場のpHが6,5以上程度であることを確認し、施肥してください。

② 次に、「天然ケイ酸ミネラル」を500倍希釈して、圃場に散布。翌日または２日ほど経過した後、うね起こしをします。

③ 種豆を同じ500倍希釈の「天然ケイ酸ミネラル」液に４～５日ほど浸漬し、水温を25℃台に保ち、発芽を待ちます。

④ 発芽したら、植え付け可能になるまで成長するため、ケイ酸希釈水を与えます。希釈の度合いは1,000倍です。丈夫な苗に育っていることを確認し、苗ポットが乾燥するたびに散水してください。

⑤ 植え付け後の圃場には、1,000倍に希釈した「天然ケイ酸ミネラル」を週１回程度の割合で夕方に散水します。この時期には水分の吸収が盛んになるので、散水の頻度に注意してください。

●きくらげ

きくらげ栽培は、湿度が大事です。湿度は80～90％に保つように努めます。

きくらげ菌床に「天然ケイ酸ミネラル」1,000～2,000倍希釈液で霧化散布を行い、室温を18～28℃に保ちます。

◇乾燥の仕方

乾燥前に「天然ケイ酸ミネラル」５倍希釈液に浸漬し、乾燥（自然乾燥）を行います。天日乾燥することでビタミンＤが増えますが、ケイ酸液に浸漬することでさらにビタミンＤが増加します。

きくらげには、食物繊維、ビタミンDを筆頭に、カルシウム、鉄分、カリウムやマグネシウムなどのミネラル類、ビタミンB群、葉酸までも含まれています。不溶性と水溶性の両方の食物繊維の働きを持つβ - グルカンも豊富です。不溶性食物繊維は、腸を刺激して蠕動運動を促したり、腸内の有害物質を吸着して腸を掃除してくれたりします。

「天然ケイ酸ミネラル」液に浸漬して乾燥したきくらげは、機能性として腸内吸収性をより高めます。ケイ酸によって、本来のミネラルやビタミンはさらに増え、しかも摂取したときの吸収性は高まります。ブランド健康食品となるわけです。

自宅で栽培しても、これらの豊富な栄養素をお手軽にとることができます。

●いちじくなどの矮性果物

ポット栽培をします。「天然ケイ酸ミネラル」を1,000倍に薄めた希釈液をおよそ3日ごとに散水します。栄養液肥とケイ酸液の散布を自動制御の点滴栽培で行うと、作業が効率的です。

ハウスで栽培する場合も、ポット栽培が効率的です。利点の1つは、台風などの自然災害に備えて、ポットを移動させることができます。カット枝の植え付け時期をずらすと、収穫時期もスライドします。そのため、出荷時期も調整できます。ただし、冬季は暖房が必要です。光合成は、ハウス内の日照場所の選択で決められます。

農業資材として「天然ケイ酸ミネラル」を用いると、次のような効用があります。

① ケイ酸の効果で、いちじくの表皮が保護されます。

② ケイ酸の効果で、甘みがすっきりし、日持ちがよい果実になります。そのため、遠方の市場への搬送にも耐えられます。

③ ①②の結果、市場価格が高値で安定し、収入も安定します。

ホームセンターで苗木を購入してくると、一般の人がマンションのベランダや室内でポット栽培ができます。鉢植えで栽培できる矮性果物は、マンションはもちろん、家庭菜園が身近な生活空間でも楽しめます。

●温暖化による家庭菜園バナナ

バナナは、栄養豊富で健康的な果物として、子供からお年寄りまで年齢、性別を問わず多くの人々に愛されています。スーパーで買い物すれば自然と手に取ってしまうアイテムです。ところが、バナナと私たち人間との関係も、残念ながら突然終わりを迎えるかもしれません。真菌による病気が野火のように広がっていて、今後10年の間にバナナを絶滅へと追い込む脅威となっている、という報告があるからです。

◇「「シガトカ病」からバナナを守れ」

かなり以前からこの切迫した未来を警告していたカリフォルニア大学デービス校の研究者らは、バナナを絶滅から守るために真菌のゲノム配列を解読し、真菌がどのように宿主植物を攻撃するのかを明らかにしました。この真菌性の病気は「シガトカ病」と名づけられました。

この真菌の蔓延により、バナナを生産する120カ国で年間1億トン、約40％のバナナが処分された。バナナ産業にとっては何百万ドルもの損害だ。この予防策はコストがかかり、バナナの生産費用のうち約30～35％を占める。ほとんどの農家はこのような金額をまかなえないので、低品質のバナナを育てるしかなく、収入も減ってしまう。
（研究を牽引するUC Davisの植物病理学者、Ioannis Stergiopoulos氏）

参考：https://forbesjapan.com/articles/detail/49550

真菌による病気のニュースを知っていたかどうか、愛媛県四国中央市川之江町の店舗ガレージの片隅に、鉢植えの「天然ケイ酸ミネラル」で育てたバナナが成長し過ぎて移植することになりました。育たなくて当然で、それは承知のことでした。ところが露地栽培で約2年間の成長が続き、続けてケイ酸希釈水のみを与えると5mまで成長。花芽から130房の果実が現れるではありませんか（栽培レポートに詳細）。

バナナの苗は、宮崎大学農学部の研究（無農薬で栽培するバナナで、皮ごと食べられます）品種です。2022年9月19日、台風14号が接近、四国中央市も暴風圏に入り、無残な姿に変容しても成り続けました。試食までに至りませんが、倒木後の脇芽から次なる成長報告ができるものと観察しているそうです。

地球温暖化の影響下にあっても、「天然ケイ酸ミネラル」で育てることで、無農薬の皮ごと食べられるバナナの栽培が家庭菜園で可能となった事例です。

●切干ダイコンの伝統の甘さが砂糖不使用で復活

まず「天然ケイ酸ミネラル」で育てたダイコンの比較から報告は始まります。2年前、生産者ご自慢の切干ダイコンをいただきましたが、砂糖を加えて調理してしまった、という苦い思い出があります。

令和4年の暮れと今年の新春1月にもいただきましたが、今度は調理に失敗することなく味わうことができました。砂糖を使用せずとも、切干ダイコンの甘みが十二分に味わえたのです。

切干ダイコンを水に浸し糖度を計ると6.3%です。昔から親しまれた味わいに感服です。

切干ダイコンは、不溶性食物繊維（リグニン）も含まれ腸の蠕動（ぜんどう）運動を促し、便通の改善に効果が期待できます。コレステロールの排出も促してくれるので動脈硬化の予防にもつながります。切干ダイコンを作る際に太陽の光に当てると、うま味成分のグルタミン酸とGABAの含有量が増えることが研究によりわかっています。グルタミン酸は料理に深みを出し、塩味が薄くても美味しく感じられるようになります。一方、GABAは、血圧の上昇を抑える働きやストレスを緩和する効果が期待されている栄養素です。

「天然ケイ酸ミネラル」で育った野菜の糖度が上がることや、ダイコンが日光に当たると栄養価が上がるなど、まさに私たちに必需の、伝統的健康食品と言えます。

●「天然ケイ酸ミネラル」と「生物刺激剤」の評価

バイオスティミュラントは第３の農業であると述べてきました。バイオスティミュラントは植物（生物）を「刺激」すると言われています*。植物においては遺伝子情報を具体化（発現）させるとか、植物の中枢神経細胞を興奮させるなど、植物DNAを表現するものといってよいかもしれません。

＊：「バイオスティミュラントは日本語に直訳すると「生物刺激剤」である。近年、ヨーロッパを中心に世界中で注目を浴びている新しい農業資材カテゴリーだ。BSは、植物や土壌により良い生理状態をもたらす様々な物質や微生物である。これらの資材は植物やその周辺環境が本来持つ自然な力を活用することにより、植物の健全さ、ストレスへの耐性、収量と品質、収穫後の状態及び貯蔵などについて、植物に良好な影響を与えるものである。」（https://www.japanbsa.com/biostimulant/definition_and_significance.html）より引用

しかし、現実的にはどのような事例が「生物刺激」があるのでしょうか？　研究仲間の協力を得て、事例を紹介します。

①　胡蝶蘭が６か月を経ても開花し続け、花弁は白が緑に交じって維持している。

②　観葉植物コーヒーの余分な枝が、ケイ酸液中で６か月後に発根。

③　冷凍保存の「循環種そら豆（赤)」を11月にプランターで発芽させ、

翌４月末に収穫。
④　真夏のデザート「沖縄産マンゴー」の種発芽、冬季に枯れたのか？
適温で新芽が復活。
⑤　香川県保存種「本鷹」唐辛子、新種が発現。
⑥　家庭菜園のはっさくを１月９日採果、熟成期間を経ずおいしさを発見。
⑦　小松菜の根っこを再び水耕へ、発育後に開花し「黄色」まで。

●ほうれん草栽培家・奮闘記

広島県庄原市　重原盛導さん

ほうれん草と言えば、栄養満点の緑黄色野菜の王様です。ビタミン、ミネラルを豊富に含んでいるので、食事に上手に取り入れたいところです。ところで、サラダで食べられることをご存じでしょうか？　重原農園は、サラダほうれん草を栽培。その優れた効果をお伝えします。毎日を健康で過してくださることを願っています。

種はF1種で「シュウ酸」成分はとても少なく、生食が楽しめます。

栽培に初めてBS資材を併用し、ケイ酸ミネラルの存在を明らかにしました。

検証①：害虫には少しの低農薬を散布し、BS資材（土壌・葉面散布〜フルボ酸・Fe^{2+}など）を併用施肥。化学肥料はまったく不使用の栽培です。
検証②：栽培管理は、「天然ケイ酸ミネラル」1,000倍の自動希釈潅水装置を実動させています。
検証③：ほうれん草は、生物顕微鏡およびナノサイト分析で可視化して市場に出荷しています。

重原農園は、ナチュラルアグリ資材研究所も併設。西日本大手スーパー・ゆめタウンの推奨をもらっています。

ケイ酸無農薬栽培のサラダほうれん草を、健康づくりに活かすよう、お勧めします。

●有機ＪＡＳ規格と「天然ケイ酸ミネラル」の使用について

農産物への安全性への関心や健康志向が高まる中、農薬や化学肥料を使う一般的農法をよしとせず、自然農法（有機JAS規格*に基づく農法）を実践する農場や家庭菜園家も増加してきています。

＊：「有機JAS規格（以下、有機JAS）は、JAS法（日本農林規格等に関する法律）に基づいた生産方法に関する規格です。有機JASに適合した生産が行われていることを、登録認証機関が検査・認証します。認証された生産者や事業者には、有機JASマークの使用が認められます。認められるのは有機農産物、有機加工食品、有機飼料及び有機畜産物の４品目４規格です。」ｍｙナビ農業（https://agri.mynavi.jp/2021_09_01_168466/）より引用

自然農法（有機JAS）認証の規格で用いる資材は、「適合性判断基準」に従うことが求められます。そのため、原料調達、製造方法に細心の注意を払わなければなりません。そのうえで生産活動を発展させていくことになります。

原料資材は、化学物質ではないこと、原材料の生産段階で組み換えDNAが用いられていないことが条件です。

有機農産物の生産は、自然環境機能の維持と増進を図るため、化学肥料や農薬の使用を避けることを基本としています。農地本来の生産力を活かし、環境への負荷をできるだけ低減する方法で栽培することが原則です。

また、原料資材の選択は、「有機JAS規格及び個別手順書」に基づきます。

「天然ケイ酸ミネラル」は、バイオスティミュラント資材であり、有機JASの目的と規格に合致しています。

有機登録認証機関は国内、国外を含めて現在、70以上ありますが、認証機関によっては、「天然ケイ酸ミネラル」が有機JASの規則に抵触する

との見解を示すところもあります。しかし、その見解に明確な論拠が見当たりません。

「ケイ酸農法」が有機JASの目的と規格に合致するものであり、抵触しないことには、科学的根拠があります。

「天然ケイ酸ミネラル」は、製造工程で、オゾンガスをナノバブル溶解して酸化反応を行います。これは、地下水に含まれるウイルスおよび病原菌を不活化および殺菌を行う必要があることと、ケイ酸コロイド粒子の超微細化による生命体（動物・植物）への吸収・浸透性を改善するためです。「天然ケイ酸ミネラル」が有機JASの規約に反するとの見解を示す認定機関は、オゾンガスが化学性なので有毒ガスかもしれないと考え、農業にはふさわしくないと判断したのでしょうか。

「天然ケイ酸ミネラル」は無臭、無害です。

オゾンはすでに、国際基準のHACCP（食品衛生管理手法）の農漁産品の殺菌洗浄・パック詰めなどに多用されています。HACCPは、科学的な根拠のあるデータを基に行う衛生管理方法です。この殺菌方法は二次生成物を形成することもありません。オゾンの安全性は保証されています。

そもそも、地球創造の造成発展の時間から、まず成層圏にオゾン層がなければ地球生命体の存在はあり得ません。オゾンとは、そういう物質なのです。このような観点が、有機JAS規格サイドには欠けているのでしょう。

「天然ケイ酸ミネラル」は、地球資源の無尽蔵な産物であり、有効に活用されることによって、農産物がもたらすヒトへの健康が具現化するものです。

●「ケイ酸農法」による野菜が健康をもたらしてくれる

野菜が体によいことは一般論として知られていますが、近年は、様々な病気を予防して健康を維持する働きがあることが具体的に解明されつつあり、いっそうその認識が高まってきました。そのため、野菜は種類によって、葉や茎、根、果実、つぼみ、花、種子など、様々な部位、器官が利用されています。野菜の作用・効用は、次のようにまとめることができます。

①　動脈硬化の予防（抗酸化性）；コレステロールの抑制
②　がん予防機能（抗腫瘍性）；発がん物質の排出（食物繊維）
③　血圧上昇抑制機能；血圧上昇に関する酵素の阻害
④　糖尿病予防機能；糖の吸収阻害
⑤　メラニン生産制御成分；メラニン生成酵素の活性制御

現代に多く、問題視されている病気の発症予防に、いかに野菜が関わっているかがおわかりでしょう。すなわち、野菜を十分に摂取していれば動脈硬化やがん、高血圧、糖尿病などを発症するリスクが低下するし、逆に野菜が不足すると、それらの病気を発症するリスクが高まるということです。

以上の作用・効用を私たちが十分に享受するためには、栄養豊富で農薬など有害な物質を使用していない野菜を日常的に摂取することが求められます。そして、そういう野菜を栽培するために、農業資材としての「天然ケイ酸ミネラル」の存在意義があるといえます。

「天然ケイ酸ミネラル」による栽培は、農作物が形成される機序が明らかであり、ケイ酸と他のミネラルの補完作用によって、野菜が本来持つ作用や効用が十全に発揮できます。

●健康野菜の検証

「天然ケイ酸ミネラル」を用いた生産者からの野菜などの現物を検証しています。まずは生産の履歴・環境を確認し、糖度計（国産 KEM-

BX-1)、SiO_2 チェッカー（ドイツ製 VISOCOLOR ECO)、ナノサイト・英国マルバーン社（LM-10）他、水質計測器などの機器を使用していますが、詳細は写真を含めた記述で確認いただけます。

第5章

ケイ酸農法実践の生産者からの報告

●農事研究圃場

「ケイ酸農法」のすばらしさを理解し、実践するファームや専業農家、そして家庭菜園者は徐々に増えてきました。研究員として活動し、試験栽培を行っている人もいます。

この章では、それら現場からの栽培報告を紹介します。

◇「ケイ酸農法」を実践している圃場・生産者

・籾木ファーム　代表・籾木誠治さん　大分県竹田市直入町

80年以上に及ぶ原木しいたけ栽培農家です。収穫直後に「天然ケイ酸ミネラル」に浸漬し、乾燥時間が短縮、味覚が向上し、調理が短縮するなどの効果が得られたと報告しています。長寿しいたけを販売し、しいたけから抽出されたβグルカン（レンチナン）の研究を行っています。

・（有）ヤマナカ　代表・山中雅寛さん　広島県三次市十日市東

「天然ケイ酸ミネラル」を活用した、農業と村おこし活動を展開。種苗法改正反対や在来種・ローカルフード法案・提案賛同など、バイオスティミュラント農業の普及と実践を行っています。健康テーマの「飲む天然濃縮シリカ」も発売。

コロナウイルス感染症ワクチン投与に反対し、酸化グラフェンがもたらす健康被害と人為危機に警鐘。ヒト細胞中の毒素を「天然ケイ酸ミネラル」でデトックスさせる生命と健康の維持法を提唱しています。ナチュラルアグリ資材研究所の創設者。

・川嶋ファーム　代表・川嶋立身さん　研究員・協力農家　大阪府泉南郡岬町淡輪

ケイ酸農法を実践。在来種で栽培する研究農家で、在来種の販売も行っています。

在来種の種を供給している野菜＝えんどう　そら豆（赤そら豆）　じゃがいも　さつまいも　さといも　たまねぎ（泉州特産品、４種類を栽培中）

・松山ファーム　代表・松山良博さん　愛知県常滑市

家庭菜園・果樹栽培の研究家。ケイ酸を活用した、四季折々の栽培に成果を上げています。

・門田ファーム　代表・門田篤さん　香川県三豊市豊中町笠田笹岡

農業を通して地域産業発展に貢献しています。香川県在来種の唐辛子「本鷹」を「天然ケイ酸ミネラル」で育てています。

・富松ファーム　代表・富松龍二さん　大分県国東市横江

「天然ケイ酸ミネラル」の初期基礎研究協力者。2017年に、（株）関電工・技術研究所とともに、毎日新聞社主催の「毎日農業記録賞」の優良賞に入賞。水稲「ひのひかり」一等米を育て、「天然ケイ酸ミネラル」の苺栽培（もものか・さがほのか）に成功しています。

・寺重ファーム　寺重光影さん　広島県三次市

「天然ケイ酸ミネラル」とJA液肥ミニファイブをブレンドして数々の農産品を仕上げています。出来栄えは好評でケイ酸農法の農業指導者、商品には独自マークを添付して道の駅で販売中。

・（株）山口farm　山口正博さん　茨城県小美玉市下玉里

「パールレンコン」のブランド名で、大型スーパーに販売展開しています。霞ヶ浦のレンコン産地でも研究指導者の立場で、近未来の水田放棄地の水稲に変わる「レンコン」を提唱し、自立できる農業経営を全国に広めようとしています。

・美容家・ＮＰＯ法人ＬＡＦ代替医療学会主催　石川礼子さん　愛媛県四国中央市川之江町

ミネラルが健康に果たす役割を長く研究し、安保徹教授「日本自律神経免疫治療研究会」主催の講演会に出席していたなど、免疫と健康を研究し続けています。特にケイ素・ケイ酸の認識は高く、化学反応でトリック的なケイ素を憂い、偶然的な出会いから「天然ケイ酸ミネラル」の本質（コロイド粒子の作用）を確証し今日に至ります。

美容関係の活動は過去に英国でも学び、美容師の傍ら、農業・食品・飲用（ペット・小鳥を含む）の多岐にわたり検証を重ねています。自然に対する洞察力も高く、その判断力には驚かされます。

●しいたけ栽培　おづる四季の郷　籾木誠治さん　2020 年 4 月 15 日

しいたけ栽培に「天然ケイ酸ミネラル」溶液を応用しています。原木への殺菌は、「天然ケイ酸ミネラル」液を 500 倍に薄め、動力噴霧器で伏木に散布します。原木表皮にケイ酸が沈積すると、カビ病に対する抵抗力がつき、原木を保護します。大分県を代表する農林産品のしいたけ原木が抱える問題に対処するため、この物性を活用し、「天然ケイ酸ミネラル」溶液を使用しています。

しいたけ子実体のβ（ベータ）グルカン「レンチナン」が単離精製され、がん免疫を増強する働きを有します。このことから、現在私たちは、「天然ケイ酸ミネラル」使用による、原木から栽培を経て乾燥に至る乾燥しいたけの、秘めた効能の研究・分析にも着手しています。

２年の伏木期間を経てホダは林に立てかけます。栽培木の駒数確認８～12 万個 / 年で準備しています。

①　雨後に収穫したしいたけを「天然ケイ酸ミネラル」希釈水で浸漬洗浄する。

白い容器内に希釈水を用意

② 乾燥しいたけの差異

従来乾燥品とその細胞非対照区：細胞形成が不均一。※1

「天然ケイ酸ミネラル」浸漬乾燥品とその細胞組織：対照区は細胞組織の規則性があり。

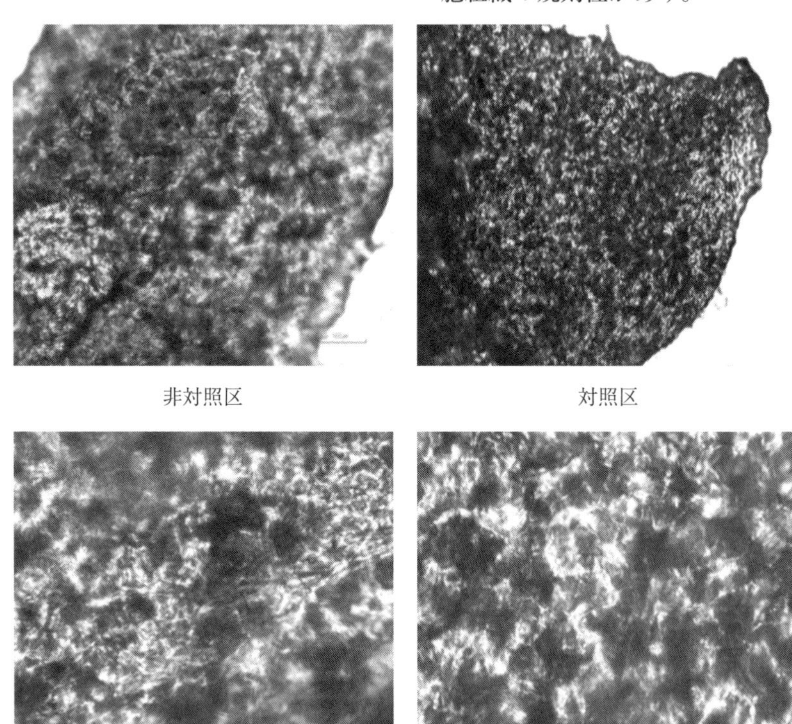

非対照区　　対照区

非対照区　　対照区

※1：一見して非対照区、対照区の比較はおぼろげですが、緻密性と秩序が異なっています（顕微鏡観察から）。

◇「天然ケイ酸ミネラル」を原木に散布する効果

ケイ酸を散布した原木

ケイ酸を散布しなかった原木

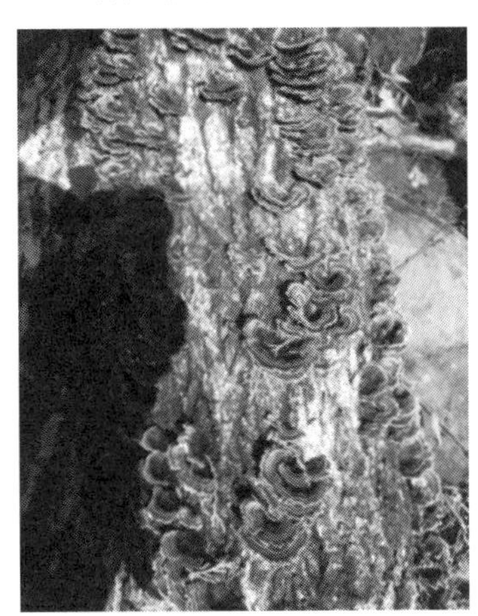

参考：粘菌は真性粘菌（変形菌と細胞性粘菌に分けられるが、不思議なことに、アメーバ状の活性と、菌類のような子実体を、その生息環境の中に持っている微生物）

「天然ケイ酸ミネラル」は、栽培にも散布しています。しいたけを乾燥させる前にも浸漬しています。

◇廣見記

大分県は原木栽培しいたけの産地です。杉木立の影に林立するしいたけ原木は、雨の翌日から子実を産出し、収穫しても傘の表面が濡れていて店頭で売られることはありません。乾燥前の「天然ケイ酸ミネラル」に浸漬した後、乾燥したものが本当の「干ししいたけ」です。

他方、ハウス栽培しいたけは適量な湿気で栽培し、スーパーなどの店頭で売られていますが、味覚・香りもまったく異なり、生産地域の特色（原木による旨味）が反映されることはありません。

調理時間が短く、香りが抜群です。しいたけは、繊維細胞に秩序があって、一定の水分吸収水路が発現しているので、調理時間が短くなります。

「天然ケイ酸ミネラル」に浸漬して乾燥したしいたけは、従来の乾燥品に比べ、明らかな光沢があり、高級感が感じられます。

これからの商品普及については、食物としての乾燥しいたけの健康への便益性を伝え続け、しいたけのβ（ベータ）グルカンの効果（免疫力強化やコレステロール値上昇抑制など）を強調していきます。

乾燥しいたけの差異

従来乾燥品

ケイ酸液浸漬乾燥品

●唐辛子　門田ファーム　門田篤さん　2020年３月８日

香川「本鷹」生育状況、地域復活農業の試みです。

香川県の伝統野菜である「県保存種子唐辛子・香川本鷹」（遺伝資源保存）を香川県農業試験場から譲り受け、地場産品に復活させる目的で試験栽培を始めました。

ポットでの栽培は毎朝、1,000倍希釈の「天然ケイ酸ミネラル」溶液を噴霧しました。現在では畑に植え替えており、月に２回ほどケイ酸希釈溶液をかけています。

発芽初期

2020年６月26日の時点での生育状況

高さは大きいもので約55cmで、一部、一番花が咲きました。まだ、柵（支柱）はできていません。

7月6日。大きいもので丈が約90cmぐらいになりました。花も咲いています。一部、唐辛子らしきものができてきました。

2019年7月22日。月初めには高さが80cmくらいでしたが、現在140cmほどになりました。実も大きくなっています。梅雨で雨が多く、液肥をやっていませんが、どんどん大きくなっています。どこまで大きくなるのでしょうか。花も実も、ミツバチも多いです。

8月18日。1回目の収穫をしました。多少病気もありますが、無農薬でよくここまで大きくなったものだと感心します。

収穫は10月末まで続き、辛みは終盤になるほど強くなりました。

●唐辛子　門田ファーム　門田篤さん　2021年8月17日

◇栽培方法　連作の香川「本鷹・唐辛子」生長記録

「天然ケイ酸ミネラル」を使用する唐辛子は３月初旬に、「天然ケイ酸ミネラル」500倍希釈液に３日間漬けました。発芽後からポットで生育するまでは、「天然ケイ酸ミネラル」1,000倍希釈液を２週間に１度の割合で散布。

◇ケイ酸不使用との作柄の比較

５月初旬に畑に植えてからはケイ酸をかけていません。ケイ酸を使用していない幹は軸径約1.5cm、ケイ酸を使用している幹は軸径約３cm。高さはほぼ同じ1.5ｍ位ですが軸および枝の大きさがかなり違っています。ケイ酸を使用しているものは高さ２ｍくらいの物もあります。実の付き具合も1.5倍です。本鷹は連作は避けるように言われていますが、その常識に反して連作しています。大きさ、実の付き具合は去年と変わりありません。実の大きさは約６～10cmくらいです。

●唐辛子　香川本鷹　門田篤さん　2022年9月26日

◇ケイ酸農法の変異株 報告

今年は気候の関係か苗の生育が遅く心配していましたが、昨年より約1か月遅れで、例年通りの収穫ができました。

在来種の幹の高さは大きいもので1.8m近くになっています。

そんな中、1本だけ他と違う実がなっています。なぜか。新種なのでしょうか。

従来の香川本鷹とまったく違います。通常、実が付く時は、写真2の様に

栽培圃場

従来株の成長状況

写真1　変異株

写真2　通常の実

真中が尖がった状態になりますが、変異株は写真１のように丸い実が付いています。幹の高さは他の株より低く、約１m。太さは他の株と変わりません。葉も他の株と変わりはありません。在来種の作物は、今まで食べている野菜と、植物学的に何が違うのでしょうか。

この疑問を、農学者の意見を参考にして突き詰めると、そもそも作物とは何だろう、という原点にたどり着きます（参照：「食卓を彩る野菜たち、実は異形の突然変異体　「天然」の植物にとっての「遺伝子組み換え」と「ゲノム編集」」　鳥居啓子　「論座」2019年１月30日）。農業の歴史の中、食べ物としての魅力が増した突然変異体（ミュータント）が選び抜かれ、改良され、今日に見るバラエティーに富んだ野菜たちとなった事例があります。

通常で作育するものと次のような違いがあります。

1：大きさがまったく違う、太さは約３～５倍、長さも1.5倍あり。

2：皮の厚みが約２倍あり。

3：辛味はそのままで甘みがある（今年の大発見である）。

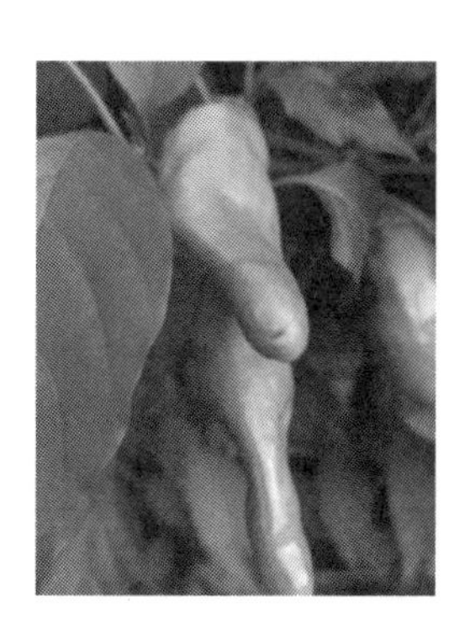

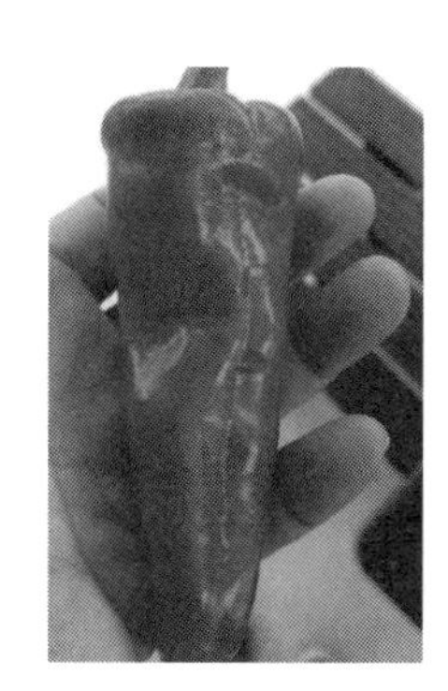

●唐辛子　香川本鷹　「新種の６次産業への展開」門田篤さん

2024年２月３日

６次産業というのは、１次産業である魚業や農業などでとれた野菜や魚を加工（２次産業）、流通販売（３次産業）を、一体的なビジネスとして展開する事業形態のことをいいます。

2019年４月１日から、香川県保有種子の在来種を、天然ケイ酸ミネラルを散水して循環栽培を続けてきました。

今年で４年を経過した香川本鷹の生育ですが、2022年に変異株が出現し、この種をもとに新種の本鷹唐辛子が収穫できました。

2023年秋の収穫をもとに、従来種の比較と６次産業への展開を始めています。

従来株

変異株（新種）

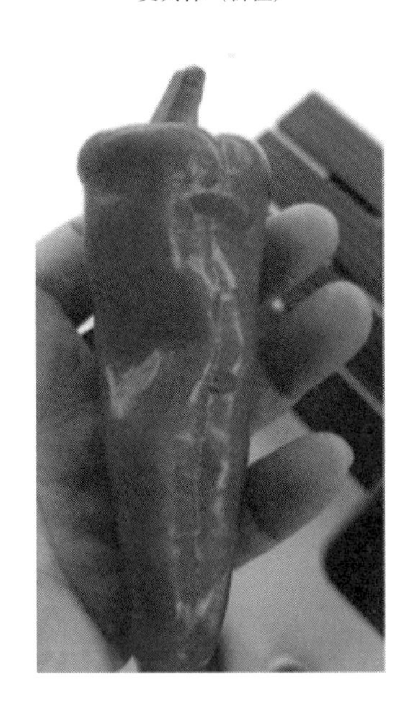

従来種の本鷹と変異株（新種）には明らかな違いがあります。その違いは、
①大きさ：太さは約３～５倍、長さは1.5倍
②皮の厚み：約２倍
③味：辛味はそのままで甘みがあります。
従来種は、鷹の爪と同等またはそれ以上の辛味があります。

しかし、変異株の本鷹は調味料の潜在的うまみの増幅に優れていて、活用範囲が広がりつつあります。

◇唐辛子のカプサイシンを効率よく摂取する方法

カプサイシンは油に溶けやすい性質があるので、効率よく摂取するには油を活用しましょう。
油に漬け込ませたり、油でよく炒めたりすれば摂取効率が高まります。特に種部分にカプサイシンが多く含まれるので、辛味が得意な人は種ごと使いましょう。
食べ合わせる食材はニンニクがおすすめです。ニンニクは血行を促進する作用がある食材ですので、カプサイシンの代謝促進作用により相乗効果が見込めるでしょう。

お問い合わせ
香川県三豊郡詫間町生里 467-4
門田 美奈子　090-4339-6620

●そら豆　川嶋ファーム　川嶋立身さん　2021年5月10日

例年に比べて木が人の背丈ほどに伸びたので、これはいわゆる“ツルボケ”かなと思っていました。ところが2～3日前から収穫してみると、莢（さや）が長く、実が多くなっています。例年なら2～3粒くらいが大半であるのに、今年は4粒入ったものがかなりの割合で見られ、中には5粒のものもあり、1つだけですが6粒入ったものもありました。

莢の綿が甘いのも特徴です。

去年まで、私は5粒、6粒のものは見たことがありません。これはやはり、「天然ケイ酸ミネラル」の効果としか考えられません。

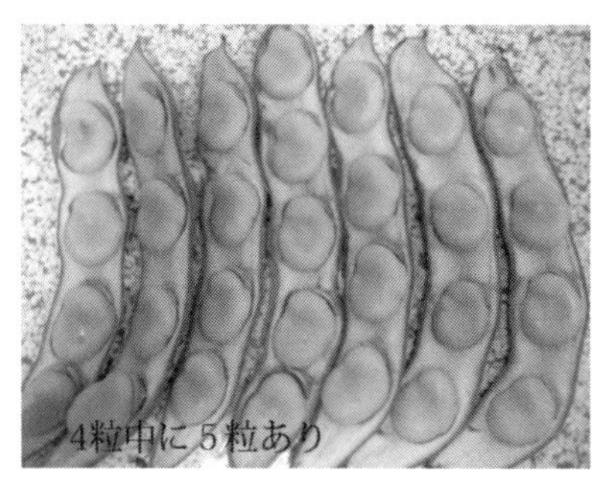
4粒中に5粒あり

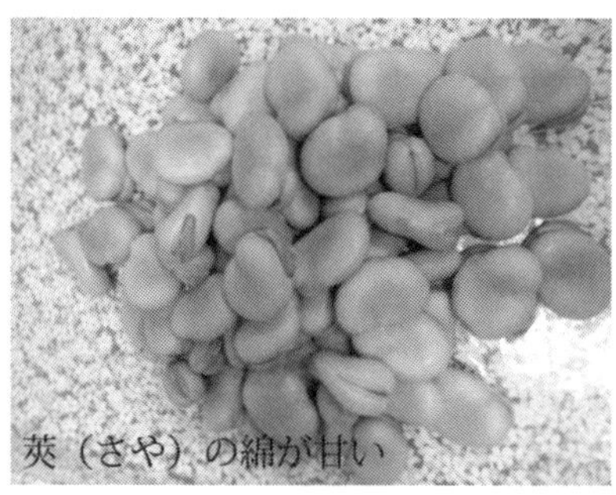
莢（さや）の綿が甘い

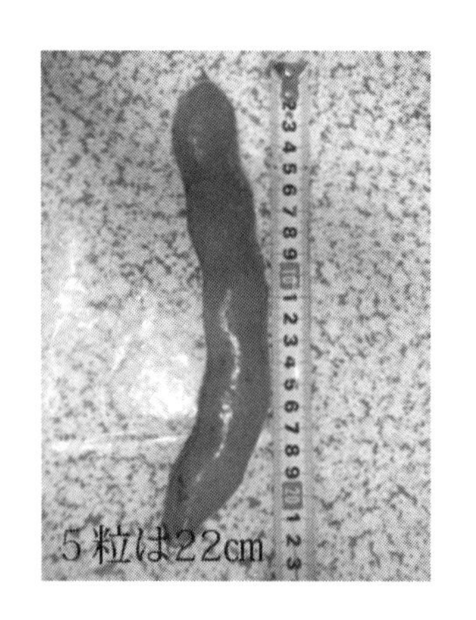
5粒は22cm

樹勢が強し

◇著者（廣見）によるコメント

①あらかじめ天候のよい３日を選び、圃場の pH が 6.5 以上程度であることを確認し施肥してください。次に、「天然ケイ酸ミネラル」を 500 倍希釈して圃場に散布、翌日または２日程経過後にうね起こしをします（土壌の団粒化が促進しているように感じます）。

②種豆を同じ 500 倍希釈に浸漬（４～５日）し、25℃台で発芽を待ち、植え付け可能なまで生長するように希釈水を与え、丈夫な苗に育っていることを確認してください。

③植え付け後の圃場には「天然ケイ酸ミネラル」を 1,000 倍に希釈し、週１回程度の頻度で散水してください。夕刻には水分吸収が盛んになるので、散水頻度にも注意しましょう。

④他、高度解析検証で農産品の優秀を示し、より健康な体質を次世代に繋げる農業を目指しています。

●レンコン　山口 farm　山口正博さん　2020 年 5 月 11 日

◇「天然ケイ酸ミネラル」の農作物への実施例

「天然ケイ酸ミネラル」を使用する圃場と、使用しない圃場に分け、成長や出来具合を比較しました。

3 か月後の圃場（植え付けは 4 月下旬）

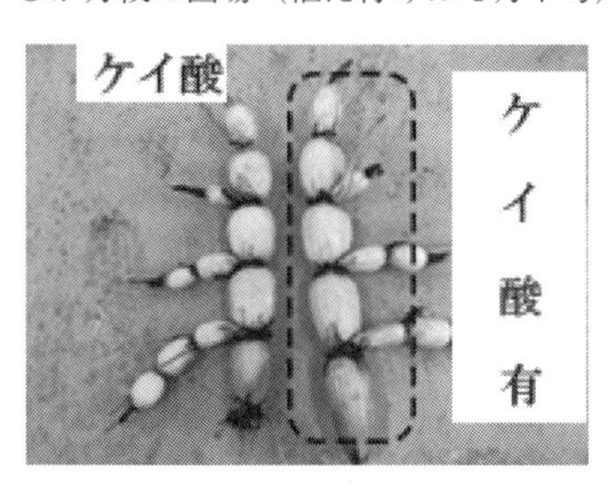

作付け準備

1・圃場土壌検査により pH が 6.5 以上程度を確認し、米ぬか、堆肥など施肥例を参照のうえ、「天然ケイ酸ミネラル」500 倍希釈液 30 トンを 10a に投入。しばらく放置後耕運してから種植えを行って水を張ります。

２・同じ節（ふし）のレンコンを比較したところ、ケイ酸を使用したレンコンが400g 程度重い。非対照区に比べ40%アップ。

３・栽培メモ

※栽培密度420株 /10a　※種レンコン300kg/10a　※施肥例　kg/10a

	N	P_2O_5	K_2O
基肥	20	20	20
追肥	5	0	5
合計	25	20	25

収穫時 memo

９月上旬に地上部を刈り取り、湛水して地下部への酸素を断つ（還元）。Fe^{3+} & Fe^{2+}（白の秘訣）（59ページで詳述）

※収益は高く180万円 /10a

※美味しくて健康を支えるレンコンは、可食部が秩序ある細胞組織になっています。

●じゃがいも　川嶋ファーム　川嶋立身さん　2023年5月25日

◇「天然ケイ酸ミネラル」の目的と農作物への実施例

植物生理（非生物的ストレス）にもっとも必要な「天然ケイ酸ミネラル」が種子遺伝子を刺激し、代謝効率がアップし、収穫量と品質を向上させることを実証しています。

家庭菜園で育った3種類のじゃがいもを紹介します。

一株の重量は、

・レッドムーン　　　：2.4kg

・シャドークイーン：2.175kg

・インカの目覚め　：0.925kg

「栽培メモ」

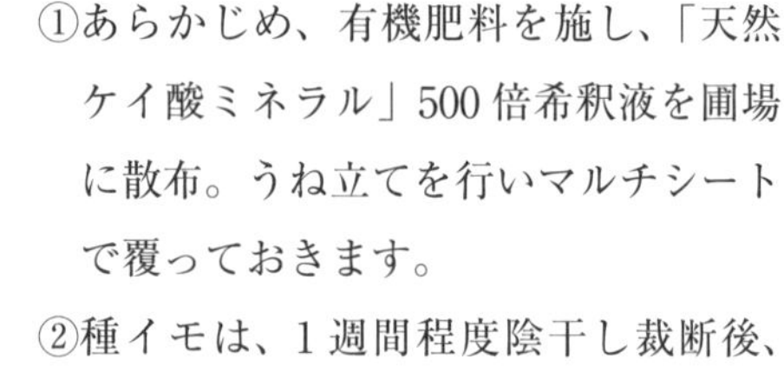

①あらかじめ、有機肥料を施し、「天然ケイ酸ミネラル」500倍希釈液を圃場に散布。うね立てを行いマルチシートで覆っておきます。

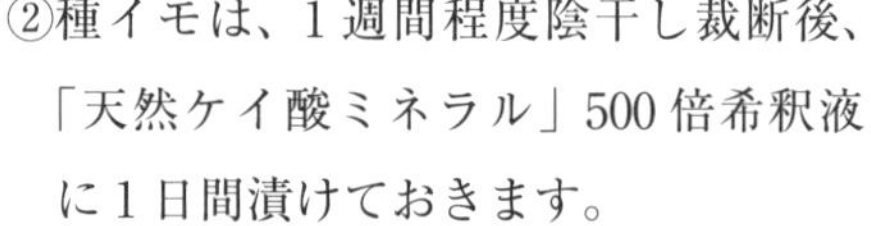

②種イモは、1週間程度陰干し裁断後、「天然ケイ酸ミネラル」500倍希釈液に1日間漬けておきます。

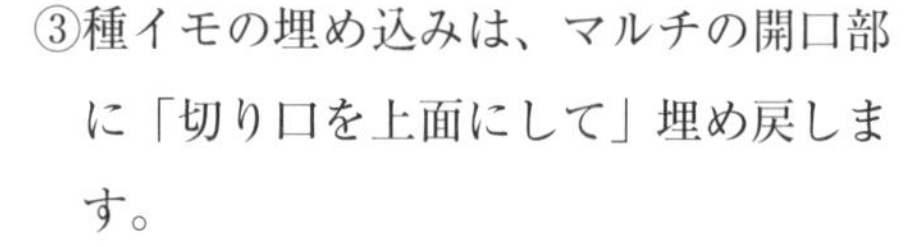

③種イモの埋め込みは、マルチの開口部に「切り口を上面にして」埋め戻します。

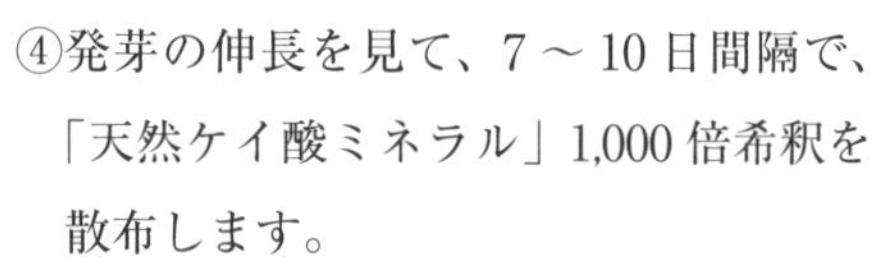

④発芽の伸長を見て、7～10日間隔で、「天然ケイ酸ミネラル」1,000倍希釈を散布します。

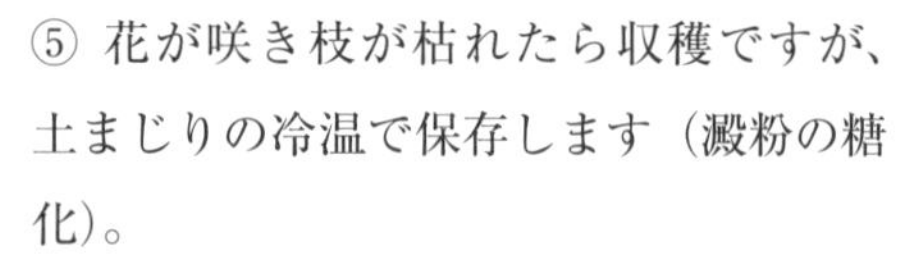

⑤ 花が咲き枝が枯れたら収穫ですが、土まじりの冷温で保存します（澱粉の糖化）。

●スイカ　川嶋ファーム　川嶋立身さん　2022 年７月 14 日

昨年冬から天候不順が始まり、春収穫野菜の異変が続いています。

今年も研究のため２株のスイカ苗を購入し、ケイ酸を散布し、見守りました。苗は接木苗（穂木と台木のセル苗）です。

近隣では元々、根の張りが強く病気に強いＦ１苗を作付けしていますが、雨天続きのため今年は壊滅状態です。

６月２日、午前９時までに人工受粉を行った苗は、ピンポン玉の大きさ（実止まり）になってから 40 日後（良天続きの場合は 35 日）に収穫可能となります。

苗の間引きを行わず観察を続けたところ、15 個の中玉スイカが育っています。１個の重量は約 6.9kg。生育には、「天然ケイ酸ミネラル」を 500 倍に希釈して、２週間ごとに計３～４回散布しました。

収穫したスイカの特長は、皮が１cm 程度と薄く、味わいがスッキリした甘さであることです。私は研究のために、今年度のスイカの種で来年の作付けを試みようと思います。

気候ストレスに耐えられるでしょうか。

タバコ属のスイカ種ならば、種子段階から 500 倍希釈の「天然ケイ酸ミネラル」溶液に４日間程度浸漬してから、圃場施肥とともに苗を移植します。

はたして、接合台木の DNA がどのように影響するでしょうか。今年のように栽培時に数回、「天然ケイ酸ミネラル」希釈液の散布を行えば、年々増加する天候不順下でも生産性の維持は可能かもしれません。

課題は、天候不順でも、種子の本来持つ能力が引き出せて、はたして収量や品質がどこまで安定できるものなのか……。研究と挑戦はこれからです。

圃場はスイカに限らず、トマト、ピーマン、オクラ、キュウリ、アバシーゴーヤなどが、所狭しと育っています。パクチーの花が咲き、漢方薬の香りが漂い、エキゾチックな雰囲気です。けれど、カメムシの臭いはしないし、成虫のカメムシを見ることもありません。カメムシがいないのは、ケイ酸葉面散布のおかげでしょう。

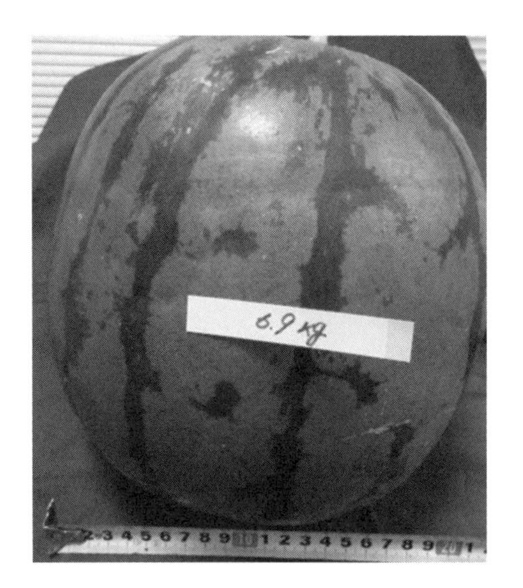

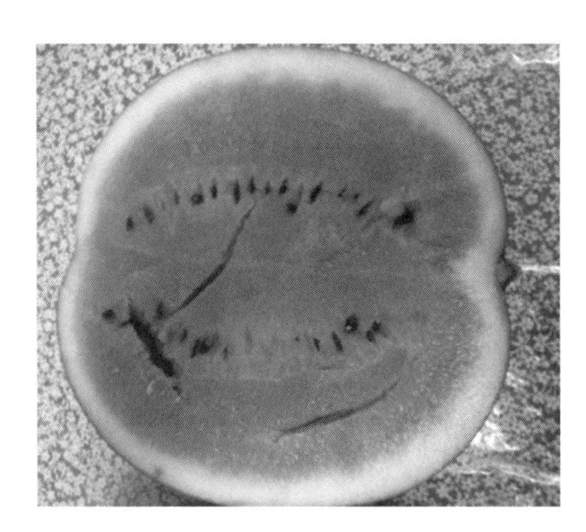

●家庭菜園訪問記「天然ケイ酸ミネラル活用4年の圃場から」 川嶋ファーム　川嶋立身さん　2023年6月9日

記　廣見勉

川嶋さんには、過去4年にわたり、ケイ酸農法の実施に協力をいただいています。

すべての栽培種にはケイ酸（希釈1,000倍程度）を圃場散布されていて、一品々に成果が認められる現状を確認できました。しかし、天候不順の障害もあって問題がゼロではありません。肥料や苗の価格の高騰による生産コストの上昇という難題にも対処していかなければなりません。そんな苦労も重なる現場ですが、圃場ではタマネギ、栗などが順調に生育しています。

① 泉州は元来、タマネギの産地でありましたが、現在では淡路島が盛んになっています。タマネギはどこの家庭菜園でもみられますが、泉州タマネギは、特に粒が大きいのが特徴です（3品種とも）。

② 栗やスモモの花が色づく頃になりつつあります。畑作地には害虫対策としてマリーゴールドを植栽していました。

③　左から、ズッキーニ（黄色）、露地トマト、ナス、唐辛子です。

川嶋さんは苗の成長、ことに「幹の太さ」を重視されているので、トウモロコシや水ナスなど常に「天然ケイ酸ミネラル」希釈水を活用することの大切さを語っていただきました。ファームの近くには「産直市場よってって」（道の駅みさき店）があり、時々出荷されています。

川嶋さんは「赤いそら豆」を育てていますが、家庭菜園の循環種による貴重な栽培例です。過去に「赤いそら豆」を限定して求める消費者もあります。

ズッキーニ　トマト

唐辛子　ナス

④　今年のじゃがいもは異常気象（2023年6月2日の線状降水帯）の影響で水はけが悪く、悪戦苦闘です。レッドムーン（赤）・シャドークイーン（黒）・インカの目覚め（黄）・北あかり・メイクイーン・男爵6種類の栽培です。

種イモの埋め込みは、マルチシートの穴開口部に切り口を上面にして埋め戻したとのこと。

トウモロコシのスイートコーンは幹が太く、その姿に自立する力が強く感じられます。

⑤　さつまいもは２種類の栽培を始めています。安納芋とシルクスイートです。どちらも焼きいもが人気です。

ニンニクは、青森の６片種よりも粒が大きく、100g/ １株の重量です。市販の青森県産と比較しても大きく育っています。菜園者のご家庭では「黒ニンニク」にして楽しまれているとか。

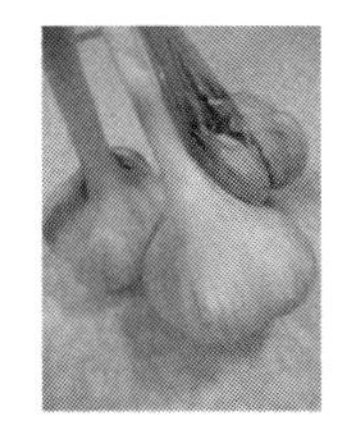
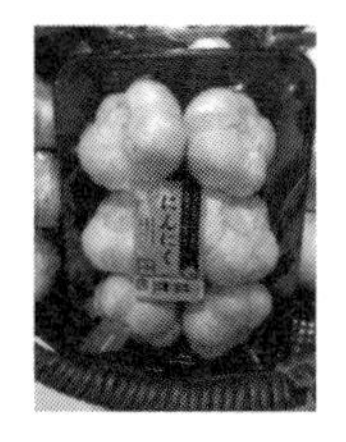

希少種ジャコウアゲハが栽培圃場に

６月頃になると、どこから飛んでくるのかと不思議に思いましたが、黒いアゲハ蝶（ジャコウアゲハ）との出会いがありました。ケイ酸農法を実施する圃場の土留め傾斜面です。通常ならば雑草が多く草刈に手間取る場所ですが、ここをジャコウアゲハが産卵、生育の場所にしていることが確認できました。

これからの産直農産物は、農薬を使用せず、化学肥料に頼らず、何よりも消費者の安心が得られなければなりません。

そして、それに応えられるのは、生物などの自然と共生できる自然農耕でしょう。「ジャコウアゲハの里」として農産品を売り出せば、圃場の豊かさを示す指標にもなります。ファームの近くのご婦人がジャコウアゲハのことを町役場に伝えて「保護活動の宣伝を！」と訴えています。

追記：2023年10月に再び訪ねたところ、越冬のためのジャコウアゲハの蛹（さなぎ）を見ることができました。

また川嶋さんは、友人の考古学者といっしょになって、馬の鈴草（ジャコウアゲハの幼虫の食草）を畔上に茂らす作業を始めています。

最近は、YouTube配信など、インターネットで農作物の摘み芽や施肥時期などが詳細に学べます。

●さつまいも 松山ファーム　松山良博さん　2022年6月15日

種イモは、去年のイモに散水し、苗を切り、「天然ケイ酸ミネラル」500倍希釈液に漬けたものです。苗を切り、翌日植えました。種類はシルクスウィートです。

写真①は、６月13日、成長途中の苗です。

写真②は、10月２日、収穫前です。

写真③は、10月24日、試験堀りをした時のものです。家庭の調理サイズに好適です。

写真①

写真②

写真③

収穫時の計量

蒸し芋

●ぶどう　松山ファーム　松山良博さん　2022年８月11日

巨峰は2022年６月15日（右画像）、種なしブドウをつくるためのジベレリン処理を行った２回目のときです。

農薬散布時やジベ処理時に「天然ケイ酸ミネラル」も併用しました。ここまでは順調ですが、例年この段階でほったらかしにしてダメになります。

右の巨峰の写真は８月11日のものです。先週（８月８日）から収穫しました。味も粒も本当によかったです。

藤稔も収穫しましたが、１果17 ｇと優秀な出来栄えでした。

ただ、実らせ過ぎたのか、味が飛んでしまい、「糖度が出ていないのではないだろうか？」という感じです。粒は大きくなったのですが、例年よりも甘みが薄いような気がします。

●桃　松山ファーム　松山良博さん　2023年6月27日

種類は夏雄美で、樹齢9年です。

夏雄美は、山梨県の鈴木隆雄氏が暁星の枝変わりより発見し、選抜した大玉の新品種です。果重は280～300ｇで、若木のうちから果実が大きく、果皮は無袋で全面濃赤色に着色します。肉質は緻密で果汁が多く、甘味が強く食味が優れています。

直径3cm、高さ6m、「天然ケイ酸ミネラル」の効果で、樹勢はとても強いです。

枝を広げて剪定しました。消毒液に「天然ケイ酸ミネラル」500倍希釈水を混合し、これを5回施しました。

今年の袋掛けは340袋で、採果数は300個程度。昨年よりも出来栄えは良いです。表皮は手で簡単にむけ、味わいはスッキリした甘さです。生物顕微鏡で観察すると、細胞には秩序性があります。

果重は242～375ｇでした。糖度は10.3～11.3％もあり、プロ果樹生産者でなくても立派なものだと自負しています。ちなみに、販売はせず、贈答品として活用しています。

●びわ　松山ファーム　松山良博さん　2023年６月８日

今年はびわ（茂木種）に「天然ケイ酸ミネラル」500～1,000倍希釈液を２回、４～５月の農薬散布時に噴霧しました。早生（わせ）品種です。

「天然ケイ酸ミネラル」散布群の果肉が一回り大きく育っています。

長崎クイーン

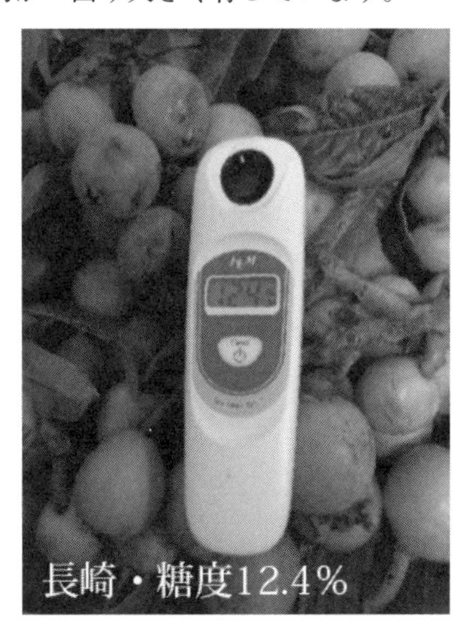
長崎・糖度12.4％

茂木びわ

茂木・糖度13.3％

●柿とみかんの生物顕微鏡観察から　松山ファーム　松山良博さん　2022年10月16日

「天然ケイ酸ミネラル」効果は、細胞内外壁が六角形に現れ、最高品質を証明しています。

著者　廣見観察

早生温州みかん

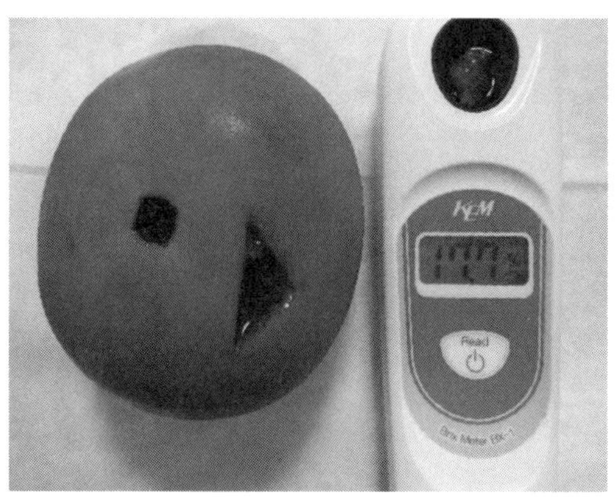

冬柿・糖度

冬柿果汁六角細胞
(生物顕微鏡600倍)

●牡丹　松山ファーム　松山良博さん　2022年4月15日

牡丹の花を切花用として庭に植えてあり、「天然ケイ酸ミネラル」を1,000倍に希釈して散布しています。昨年の開花後、散布を３回ぐらい忘れたころに葉面散布したところ、例年ですと５輪か６輪しか咲かなかった牡丹が今年は13輪ほど咲きました。手入はしていません。「天然ケイ酸ミネラル」の効果ならすごいです。

身の回りで育っている野菜や花などにケイ酸の効果が目に見えて現れ、食の豊かさと健康が大地から保証されているかのようです。

夕顔の開花

牡丹の開花

●イチゴ　アグリツーリズモ　Nora　齋藤亜季さん　2021年3月8日

「アグリツーリズモ　Ｎｏｒａ」は、気楽に田舎暮らし体験ができる施設です。「天然ケイ酸ミネラル」を用いて、イチゴ・紅ほっぺをハウス栽培しています。施設の利用者は、イチゴ狩りを体験できます。

「天然ケイ酸ミネラル」は、1,000倍に希釈して使用しています。

栽培面積は30a。毎朝、ハウス内温度が24℃に達すると、ミツバチが受粉活動をしています。栽培したのは3,000株。2020年度の収穫量は1日当たり12kgでした。粒が大きく、艶があり、香り高く、すっきりした甘さ。糖度は11.5%です。イチゴは、ケーキづくりにも用いています。

顕微鏡でイチゴの細胞組織を観察すると、他のイチゴ栽培には見られない優れた特長があります。

真冬のハウスでも
安定した採集

果肉に空隙がなく
密度がある状態に
成長する

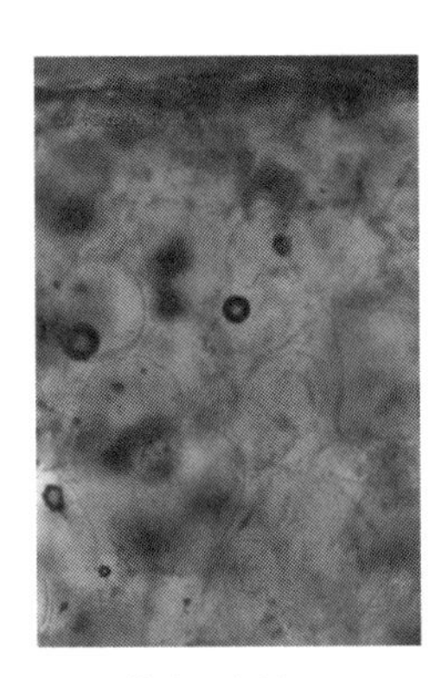
養分の転流が
優れる

秩序ある細胞組織を示しています。果汁はすっきりした甘みがあり、六角形がケイ酸の効果を示す根拠となっています。日持ちするイチゴです。

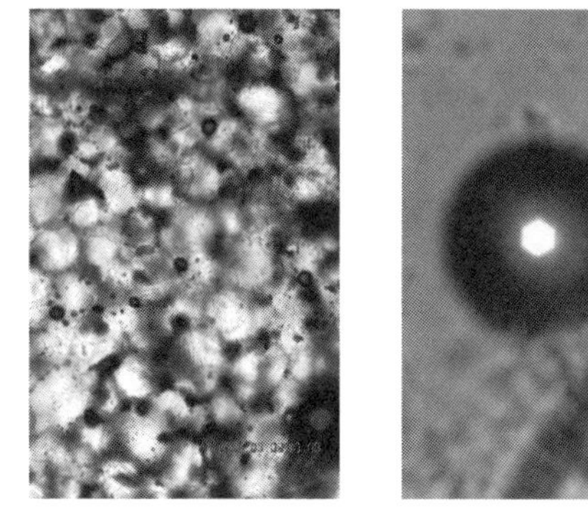

果肉細胞

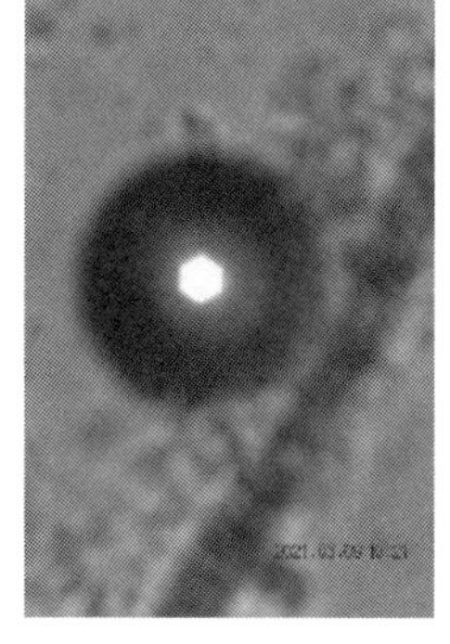

果汁の六角

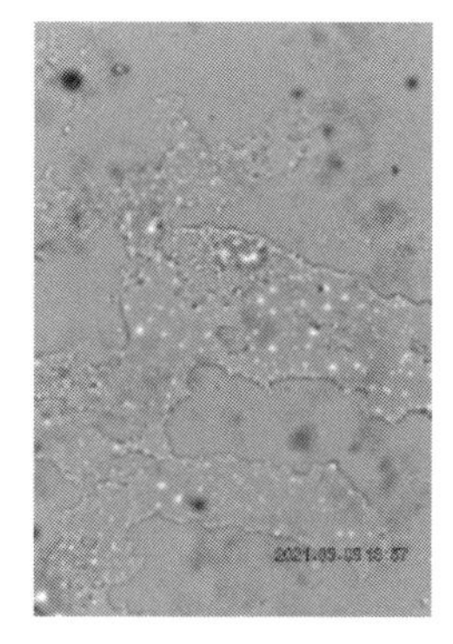

無数の六角形

●クコ、バナナ、パキラ、コーヒー　美容家　石川礼子さん 2020年10月30日

夏の暑さをクーラーで過ごし、秋の気配と冬支度でお客さまをお迎えしている美容院です。外気に直接触れられない環境でがんばってくれた観葉植物に、キャップ1杯の「天然ケイ酸ミネラル」と割水を与えてみました。

約5日を経過した頃から、バナナは若葉で大きく広がり、パキラの葉も枚数が増え大きく育ちはじめました。胡蝶蘭は、このままでは開花に至らないのではという心配もなく、満開を迎えています。直径は12cmになっています。「天然ケイ酸ミネラル」が、これほどまで「緑」で答えてくれるなど予想もしなかったことです。以後、1週間ごとに樹木に話しかけては水やりです。

これらの緑から今まで気づかなかった自然の波動を感じます。今年9月と11月のクコの実の写真です。去年まで実ができなかったのが、「天然ケイ酸ミネラル」を与えたらこんなにたくさんの実ができました。

●小松菜・根の観察　石川礼子さん　2021年２月20日

小松菜の根の成長を観察した記録を報告します。

2021年１月30日、小松菜の根の丸い部分を「天然ケイ酸ミネラル」に浸漬しています。根毛の無い状態でも生育が始まり、室内照明だけで姿が変貌しています。その後、根が出現しました。

「天然ケイ酸ミネラル」は、水中で化学変化することなく植物の体内に吸収され、ケイ酸は葉から水が蒸散するのに伴って、濃縮して沈積します。

●種子発芽成長etc「天然ケイ酸ミネラル」効果 石川礼子さん　2023年3月31日

「天然ケイ酸ミネラル」がもたらす植物の種子・切り枝などの伸長（成長）を示す春の記録です。生活周辺で気づく、植物・ヒト・環境未来が自己実現できるウェル・ビーイングです。[※1]

※1　Well-being：直訳すると、「幸福」「健康」という意味です。

事例①：切り枝のコーヒーと水耕栽培から

事例②：マンゴーの種子発芽と伸長

事例③：赤そら豆を冷凍保存し、春の実験栽培観察

春の訪れとともに、生活周辺の植物を眺めたほんの一例です。ヒトも植物も季節に耐え成長のエネルギーを輝かせています。最近は農業をやりたい人が増えています。緑の散水ケアー「天然ケイ酸ミネラル」と共に環境未来を楽しみましょう。また、自己免疫のためにも「食の原点とは何か」を探しましょう。

2022年9月21日

2023年3月31日　発根を確認

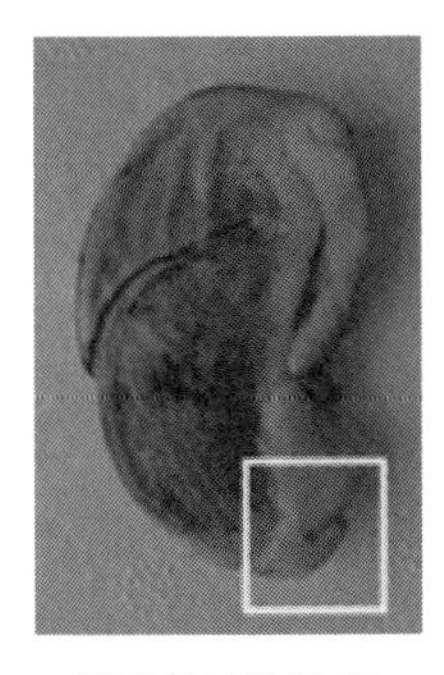

2022年7月20日
マンゴーの種子

2022年8月12日
発芽

2023年3月31日
寒に耐え新芽が発芽

2022年5月10日
赤そら豆の種子

2022年11月10日
冷凍保存した豆を発芽

2023年3月31日
プランターは収穫へ

●バナナ　石川礼子さん

◇台風 14 号接近時の記録

無農薬・無肥料、植物幹はケイ酸と光合成で成長を持続しています。「天然ケイ酸ミネラル」散水のみで成長したバナナです。

地植え

地植えの脇芽

朝夕で成長が歴然

2022 年 9 月 19 日、台風 14 号が接近。四国中央市も暴風圏に入り、バナナの余分な葉はカットして災害防備を行いました。

2022.9.11　快晴に恵まれ

9/11・房は 9 段に

9/13

9/16

台風14号接近

9 月 21 日、台風通過。その後、蕾の伸長は止まり、果実は 9 段× 12 曲 = 108 房が留まりました。これからは熟度・味覚に期待します。樹勢を強く守る「天然ケイ酸ミネラル」は災害に強いので、これからの農業を示唆しています。家庭菜園を楽しむ私にとって、ケイ酸は驚きと感激の連続でした。

●援農甲立ファームを見学して　山中雅寛さん　2020年12月９日

マツダスタジアムの30倍の広大な土地で農業生産を行っている家庭菜園圃場「(有) 援農甲立ファーム」を訪ねました。ファームの光永直義社長は、農場に必要な堆肥や籾殻燻炭など資源循環のエキスパートであり、アスパラにいたっては20年にわたり株を育て続けているプロ農業家です。加えて、家庭菜園者や就農希望者に体験農業を実施しています。

2020年２月から、「天然ケイ酸ミネラル」の施肥、葉面散布などを実践していただくようになりました。一定の成果を得ているうえ、家庭菜園者の指導にも「ケイ酸農法」を取り入れています。

12月、共同栽培や路地栽培などの栽培成果を見学することができました。

②のラディッシュは、通常は大きく育つ前にひび割れが生じますが、このラディッシュは丸くて大きな成果です。

①共同ハウス全景

③のネギは、下仁田ネギのレベルになるまで生長が続きます。見学後、「ネギ焼き」を試食しましたが、とても甘くておいしく、「これは新しいブランドになる！」との意見もありました。

②収穫時期を越したラディッシュ

甘さに関して、生物顕微鏡で観察したところ、六角形の細胞が見られ、改めて「天然ケイ酸ミネラル」の作用を確信することができました。

援農甲立ファームの光永社長

③収穫を逸したネギ

は、「天然ケイ酸ミネラル」を1,000倍希釈した溶液を適宜、葉面散布していたそうです。「天然ケイ酸ミネラル」が元素共有のケイ酸カルシウム、ケイ酸マグネシウム、ケイ酸カリウムなど、他の二価陽イオンや微量金属イオンから成る水和物であることをよく理解されています。

今回の発見は、「ケイ酸農法」が環境ストレスに強く、ケイ酸を多く吸収できている作物は病原菌に対する土壌の微生物による抗生物質の生産対応が早いため、環境ストレスによる被害がひどくなる前に病気を抑え込むことができているということです。

収穫時期が遅れたネギ

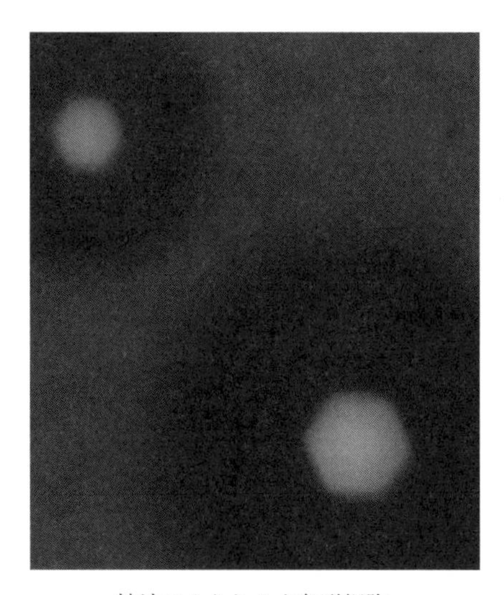

搾汁にみられる六角形細胞

●田植えとイネの成長の報告　富松ファーム　富松龍二さん　2016年3月16日

私たちが行った田植えの要領と成果をお伝えします。

稲の本数を１～２本程度で植え付けてください。分けつで間隔は縦横30cm間隔です。稲の本数が少ないので倒れる確率が高くなります。１反当たり6.5～７枚程度です。田植えの前に代掻後、すぐに田植機で植えれば倒れにくいです。

田植機の稲横送りのダイヤル調整が必要です。田植機により異なりますが、最低メモリに合わせて調整ください。

発芽トレーでの成長の勢い

苗は28～30㎝の間隔

◇成長記録　銘柄：コシヒカリ

４月20日、田植機を用いて苗１～３本（通常は６本）で植え込み、幅28cm間隔としました。苗床は6.5～７枚（通年は15枚使用）でした。そのため、初期は田植えをしたものかどうか、見極め難い状況でした。

◇水田の状況

無農薬のため、水田からカブトエビが発生しています。かつて日本にいたカブトエビが農薬を大量に使用する以前に産み落としていた卵が復活したのでしょう。カブトエビは雑草の除去に有効です。

・５月20日頃から茎の成長が始まり、他の圃場と異なる成長が見られた。

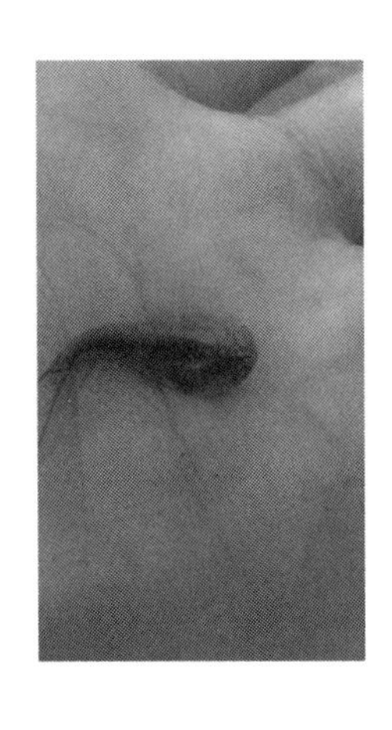

・6月20日頃から分株が始まる。

・7月10日頃、「天然ケイ酸ミネラル」溶液（原液）を再び散布（10ℓ／反当たり）。

・7月20日頃、出穂が始まる。圃場にカメムシは発見できない。

・8月8日頃、水抜き（猪の被害を受けたが、稲は元の状態に回復）。

・8月15日頃、刈取り。株張でコンバインの負荷があり、通常と異なる。以後、籾摺りで屑米が少ない。

◇収獲量と試食、農薬削減費用

収穫：30kg × 358袋＝ 10,740kg

10,740kg ÷ 60kg ＝ 179俵÷ 25 ＝ 7.16俵／反

8月31日、試食。粒が大きく輝きがあり、甘味を感じるものでした。

以上のように、「天然ケイ酸ミネラル」溶液の使用によって無農薬栽培が可能であるとわかります。農薬不使用のコスト削減は100,000円／2.5haでした。

●稲作　茨城県・農家試験区　仲見川昇さん　2019年8月19日

「天然ケイ酸ミネラル」使用の試験栽培の途中経過を報告します。

圃場をケイ酸散布「あり」と「なし」に分け、成長を比較しました。ケイ酸は、代掻のときと田植え後の２度、散布しました。

ケイ酸散布あり

ケイ酸散布なし

粒の個数に違いが見られました。ケイ酸散布なしのイネが169粒であるのに対し、ケイ酸散布ありでは200粒でした。

１粒当たりの重さを調べると、ケイ酸散布なしでは1.4 gで、ケイ酸散布ありでは1.2 gでした。ケイ酸散布ありのほうが軽いですが、まだ実が入っていない状態と考えられます。稲刈り直前に期待しています。

もうひとつ、明白な違いは稲ヒゲです。針のように写っています。

◇著者（廣見）のコメント

両方を比較すると、稲穂の見た目の印象が明らかに違います。ケイ酸散布の稲穂は若干黄色くなっています。ケイ酸が主体となってナトリウム、マグネシウム、カルシウム、硫黄などのミネラルがイネの発育に効果を発揮。

ケイ酸散布あり

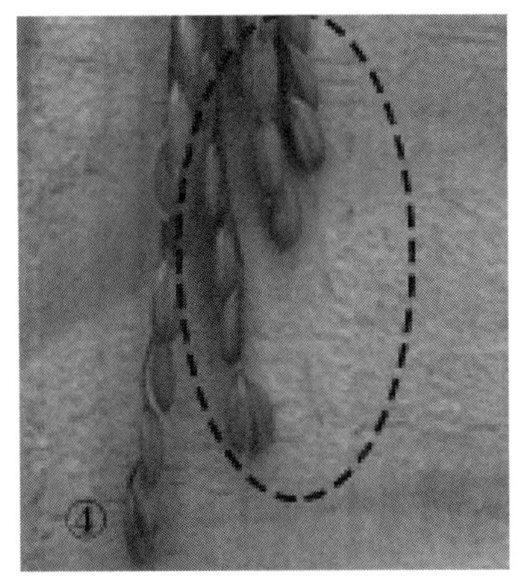

ケイ酸散布なし

ケイ酸ありのお米には、長いヒゲが見られます。普通のお米には、長い稲ヒゲはありません。長い稲ヒゲは本来、黒米や赤米などの「古代米」が持っている特徴です。それが出現したということは、太古のＤＮＡが何かの拍子に目覚めた可能性も考えられます。このように、ケイ酸を施した圃場は、ガラス質の針状（ヒゲ）が発現します。そのため、カメムシ被害は少なくなります。また、根の伸長も優れているし、旨味も向上します。

◇重さの比較

ケイ酸散布のありとなしでの個数比較は差があまり見受けられません。

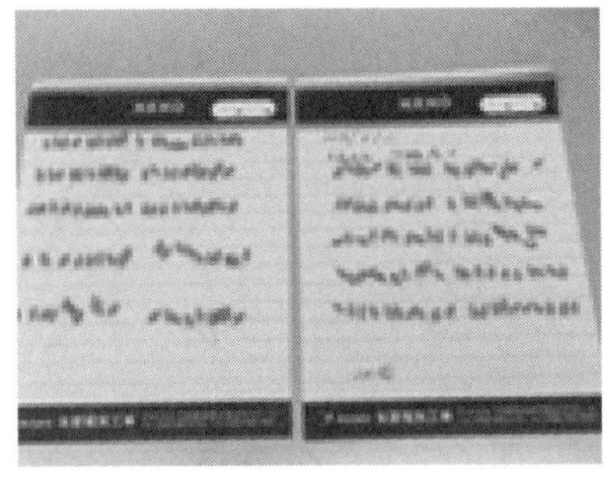

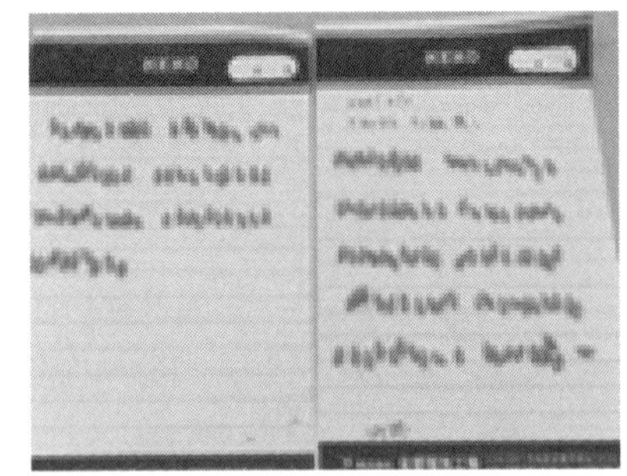

Fig.5……MS2019　132粒　3.2 g

Fig.6……MS2019S　142粒　3.3 g

ケイ酸ありのほうが軽いのですが、重いか軽いかは精米後の屑米の比率によって決まります。ケイ酸なしでは黒く見えるものが多く、屑米ではないかと推測しました。

出典：高橋英一著『生命のなかの「海」と「陸」』 ケイ酸の植物根吸収径路
イネでは導管液のケイ酸濃度は外液に比べて非常に高く、根に入ったケイ酸はおもに細胞壁、細胞間隙、導管からなるアポプラストルートを根圧と、蒸散流の作用によって地上部に運ばれ、その末端部で蒸発による濃縮を受けて沈積します。

●サラダほうれん草/ポパイほうれん草　(合) 重原農園　重原盛導さん・(有) ヤマナカ 山中雅寛さん　2022年10月3日

生食用サラダほうれん草

ハウス栽培

ほうれん草と言えば、栄養満点の緑黄色野菜の王様です。ビタミン、ミネラルを豊富に含んでいるので、食事に上手に取り入れたいところです。しかし、サラダで食べられることをご存じでしょうか？　重原農園はサラダほうれん草を栽培。その優れた効果をお伝えし、毎日を健康で過ごしてくださることを願っています。

特長：種はＦ１種で「シュウ酸」成分はとても少ないです。ドレッシングを選ぶことなく生食が楽しめます。日本で初めて「ケイ酸ミネラル」の存在を明らかにしました。

食後の代謝作用で日々の健康状態が感じとれます。また低カロリー、低糖質以外にも、ほうれん草に含まれている「チラコイド」成分で満腹感が得られることから、ダイエット向きの食材とも言えます。ハウス土壌栽培は水耕では得られない野菜力に優れ、生食できます。茹でないでもOK。新鮮野菜をサラダで食べられるなど、新感覚で健康管理をサポートします。

検証①：害虫対策には少しの低農薬を散布し、BS 資材（土壌・葉面散布～フルボ酸・Fe^{2+}など）の併用施肥として「天然ケイ酸ミネラル」を供給しました。化学肥料はまったく不使用の栽培です。

検証②：栽培管理は「天然ケイ酸ミネラル」1,000 倍の自動希釈潅水装置を実動させています。

検証③：ほうれん草は、生物顕微鏡およびナノサイト分析で確認し、市場に出荷しています。

ほうれん草茎の搾汁のミネラル粒子濃度について、詳しくは、次ページを参照してください。ケイ酸農法による栽培野菜が健康をもたらしてくれます。

野菜を充分に摂取していれば動脈硬化やがん、高血圧、糖尿病などを発症するリスクが低下するし、逆に野菜が不足すると、それらの病気を発症するリスクが高まります。

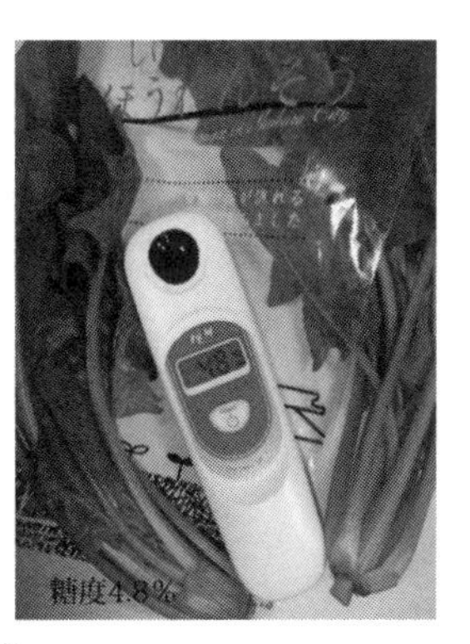

ポパイ！ほうれん草 冬季に最高

2023,02,18　出荷品の検証

豪雪（令和５年１月 25 日）をハウスで耐えました。（令和４年 11 月５日）より糖度が 4.0 → 4.8 ％ 増加（0.8 ％）しています。

ほうれん草搾汁液を 100 倍に薄め、天然ミネラル無機成分などを検出しました。

グラフは、粒子濃度と粒子サイズを計測したものです。

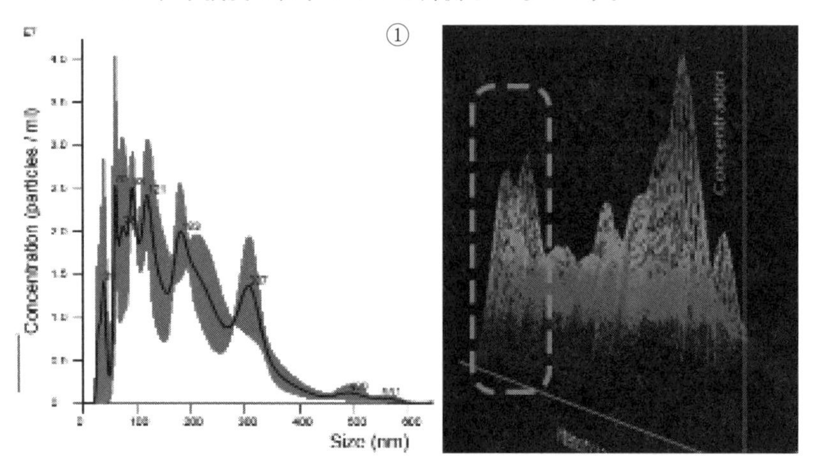

ヒトの腸内ケイ酸吸収は 20 ～ 40nm が最適

NANOSIGHT ②

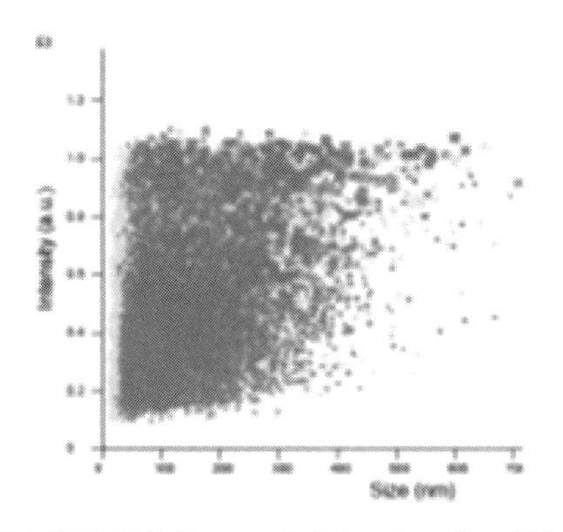

ミネラル粒子 49 億個 /cc　ナノメーター 39 ～ 183mm

ほうれん草に含まれる「シュウ酸」成分は、強いアク成分で、口内に入ると口の中のカルシウムと結合してシュウ酸カルシウムになります。その結晶が舌に刺さるとヒリヒリした「えぐみ」を感じる原因となりますが、栽培種が異なって、このほうれん草は生サラダが美味しい！（種子はタキイ）

●はっさく　家庭菜園　木村英三さん・孝子さん　2023 年 1 月 15 日

「天然ケイ酸ミネラル」を適宜薄めて散水し、庭先で果実が大きく育ちました。

通年は、採果後しばらく熟成の期間を必要としていましたが、今年の作柄は、採りたて新鮮果実を即座に味わうことができました。また、隣に植えていた渋柿（蜂屋柿）までも、葉が巨大になり驚きました。

「はっさく」は、8 ～ 10cm の一果で育ち、糖度 10.4% です。爽やかで甘く感じます。

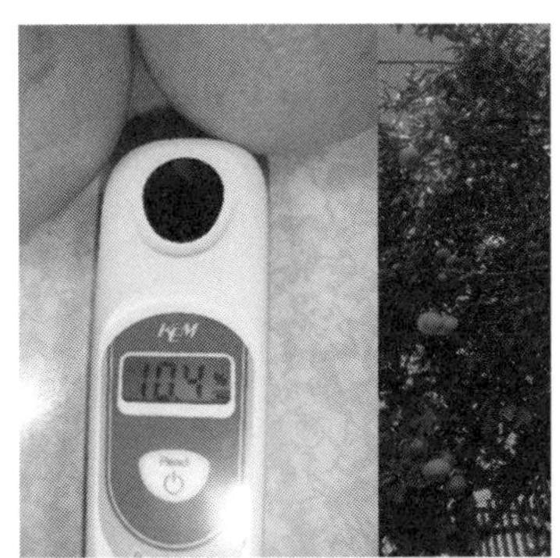

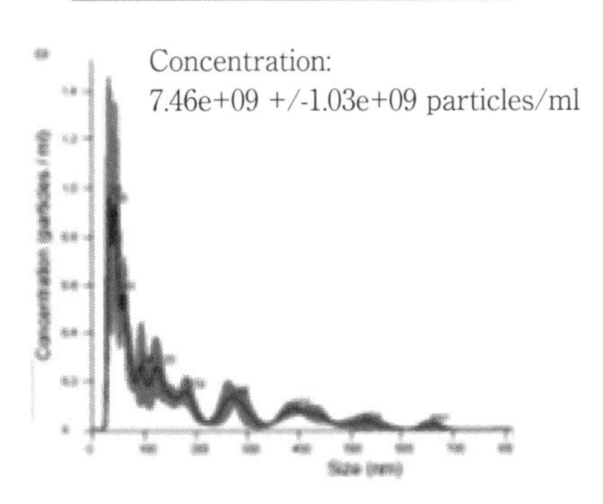

40 ナノサイズゾーン

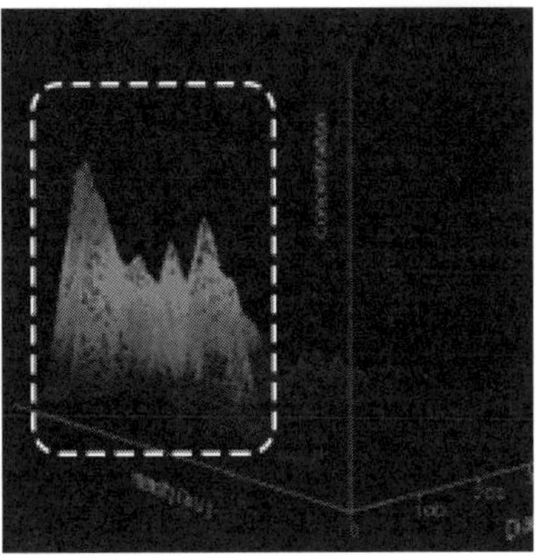

無機ミネラルゾーン

NANOSIGHT

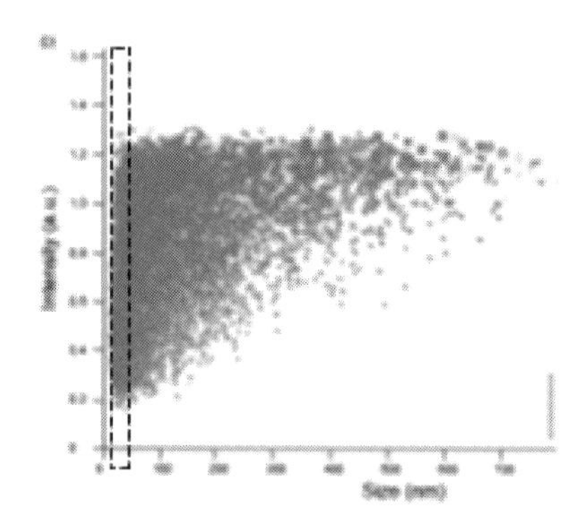

「天然ケイ酸ミネラル」で育てた家庭菜園の柑橘には、どの程度、無機ミネラルが含まれるのか？

◇美味しさで感じる健康維持の期待！

はっさく果汁は50倍に薄め、1mlをナノサイト（英国マルバーン社）で調べました。32.7nmをピークとする粒子数は、74.6億個/mlもあり、ケイ酸粒子を中心に無機ミネラルと糖質の優位性が発現しています。野菜・果物など、含有ミネラルが健康に及ぼす影響を粒子サイズから検討するのは珍しい事例です。粒子サイズ40nmがもっとも腸内吸収に優れ、血中の代謝作用や免疫維持への予測バランスが整います。はっさく果汁の粒子サイズは、「天然ケイ酸ミネラル」で育てたはっさくがそれを実現するものです。

「天然ケイ酸ミネラル」は、土中の栄養溶液に「生理的平衡」を保つ働きがあり、植物ケアーをしています。栽培中には農薬を散布しないこと、化学肥料を与えないことなど、家庭菜園から得られる食の安全・安心が大切です。日々健康で活動できる生活を楽しみましょう。

●２か所の家庭菜園者の協力を得て、日本人の食べ物「切干ダイコン」を検証しました。

2023年１月25日　記　廣見勉

家庭菜園愛好の２人が「天然ケイ酸ミネラル」を使って育てたダイコンを干した切干ダイコンの出来やミネラル粒子のサイズ、糖度、細胞の状態などを検証しました。

①作育比較

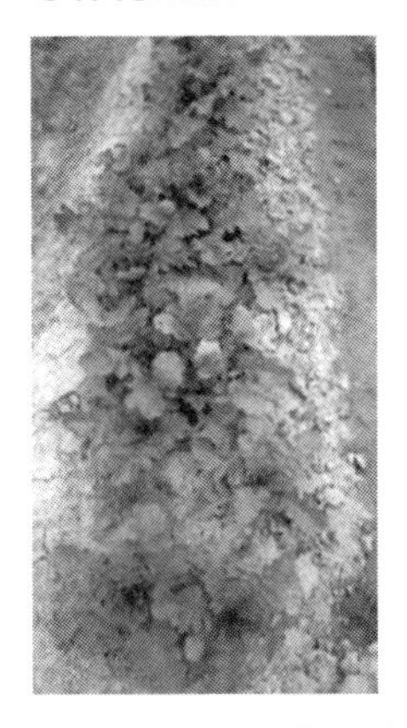

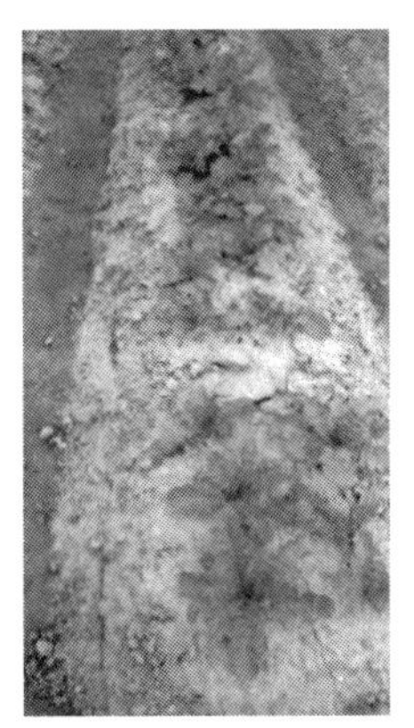

比較区（ケイ酸無し）

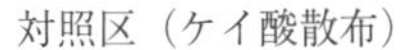

対照区（ケイ酸散布）

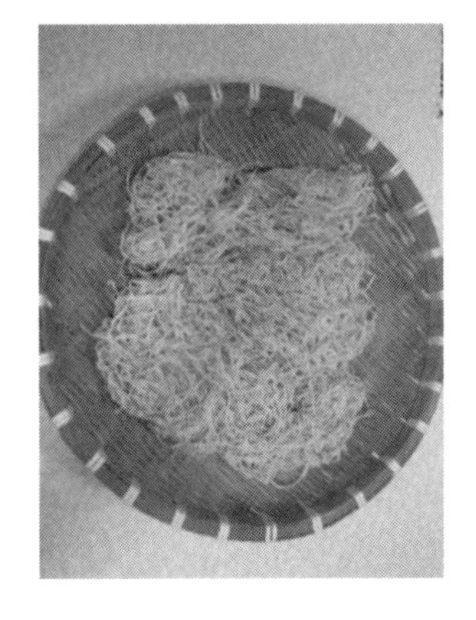

対照区天日乾燥

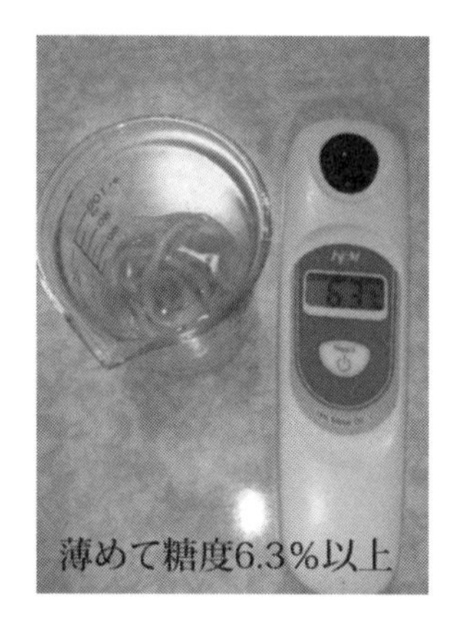

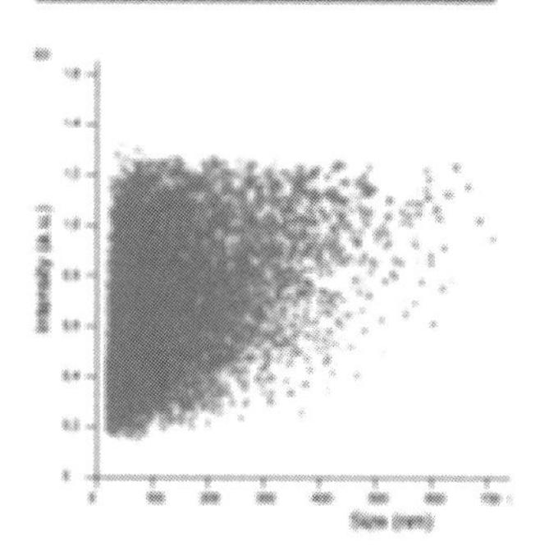

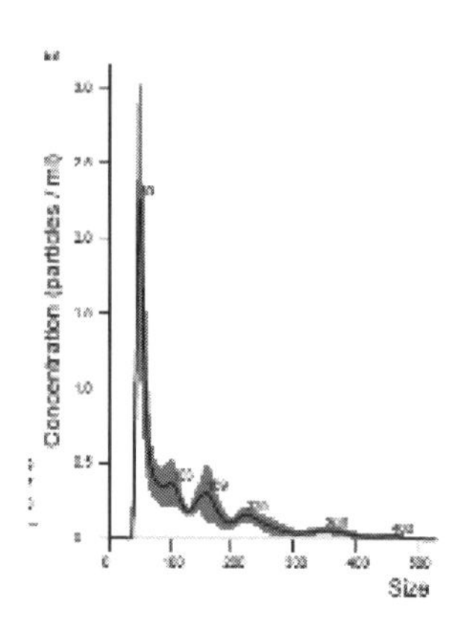

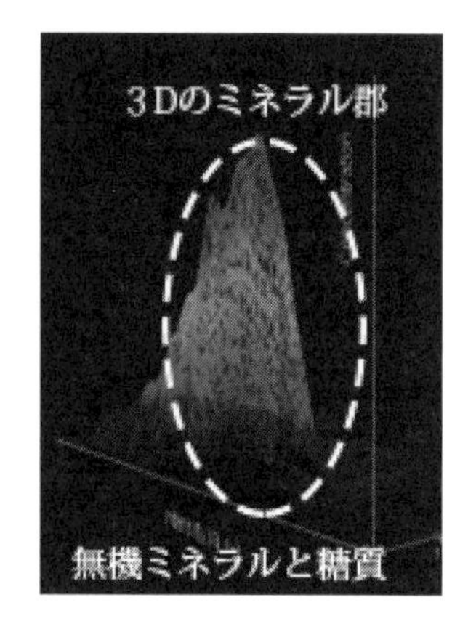

②評価

乾燥5gを50ccの水に浸しても甘さと香りが際立ち、調理の楽しみが増します。

③解説

薄めた糖度6.3%以上は、ミニトマト（6～10%）に匹敵します。

ミネラル粒子径は50nm、個数は88.2億もあり、腸内吸収に優れています。不溶性食物繊維（リグニン）も含まれ腸の蠕動運動を促し、便通の改善に効果が期待できます。

コレステロールを減少させる作用もあるので動脈硬化の予防にもつながります。

切干ダイコンをつくる際に太陽の光に当てると、うま味成分のグルタミン酸とGABAの含有量が増えることが研究によりわかっています。グルタミン酸は料理に深みを出し、塩味が薄くても美味しく感じられるようになります。一方、GABAは、血圧の上昇を抑える働きやストレスを緩和する効果が期待されている栄養素です。

つまりダイコンは日光に当てると栄養価が上がる、伝統の健康食品と言えます。

＜参考文献より＞

日本人の食べ物「切干ダイコン」は、免疫に欠くことのできない伝統食品であり、受け継がれる食の安全と健康を守り続けるものです。私たちの腸内細菌は100兆個と言われ、この宿主の働きで生理活性タンパク質（サイトカイン～免疫調整因子）がコントロールされ、日々の健康維持に貢献しています。

●家庭菜園モデル・「天然ケイ酸ミネラル」実践農場
2023年7月19日　三重県三重郡菰野町　伊藤 富士男さん

研究熱心な農業園芸家です。現在の栽培種類は17種類に及んでいます。

圃場面積は約10aです。「天然ケイ酸ミネラル」を基本に植物栄養剤を併用して成果を上げています。

田畝風景

ケイ酸500～1000倍希釈水槽
3立法メートル

←一般的な15品目の栽培成果

名称：ピノガール
スイカ糖度：11.9%
果汁を50倍に薄めたミネラル及び糖類の粒子数は55.9億個。粒径は100nm。

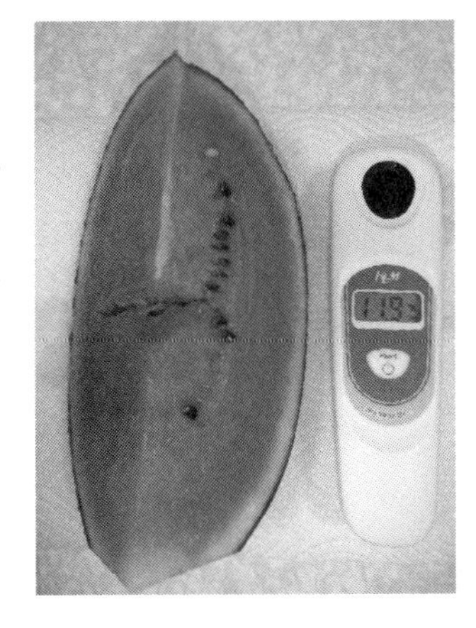

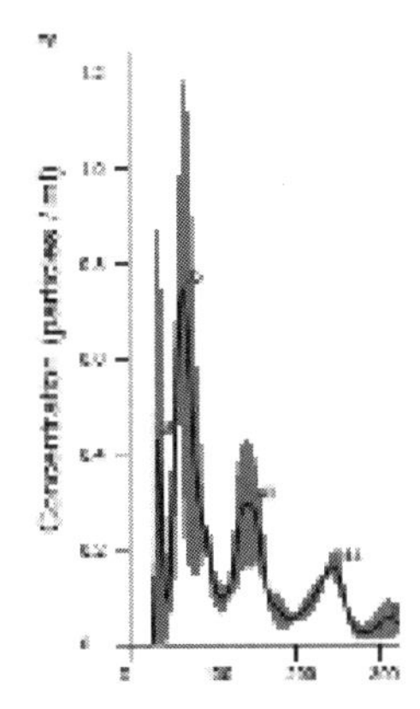

これは腸内吸収細胞壁アクアポリン通過と血液への循環が早く、夏の水分補給に最適な果実であることを証明しています。ケイ酸ミネラルが糖と他のミネラルの栄養素の運搬役として血中代謝を早め、水分補給と尿の排泄効果も促すことを表しています。　解説：廣見　勉

その他、「栽培土壌の団粒化には時間と費用がかかった」と説明していただきました。圃場で収穫された野菜のすべてに共通する独特の味わいがあります。その秘訣は農薬と化学肥料を避けた有機栽培が中心で、リン酸・金属ミネラル（鉄・マンガン）はわずかに併用していることにあるそうです。こういった工夫によって、「苦味」がなく、野菜本来の甘みが強く感じられるようです。野菜の保存期間も長くなったとのことでした。

「ケイ酸ミネラル希釈水は灌漑用水として活用し、以下の植物質肥料などの添加で従前以上の成果が得られる」とのアドバイスをいただきました。

●伊藤ファーム訪問記 2023年12月13日　記：廣見 勉

冬野菜の饗宴

歳の瀬も押し迫り、日中の外気温度は18℃前後で、暖冬になるのか。それとも逆に降雪の多い年になるのでしょうか。

伊藤さんの好意に甘えて色々な種類の野菜をたくさんいただきました。

キャベツ・白菜・赤ネギ・壬生菜・レタス、そしてキンカンです。どれもすばらしい出来映えで、品質も申し分ありません。探すのに困難でも1～2匹の幼虫が同居していました。

これらの野菜の出来映えと品質を作り出す活力の秘密が知りたく、ミネラル及び養分の転流を中心に分析をしました。以下は、いただいた野菜の中から白菜を取り上げ、その特長を新たな手法で評価したものです。

伊藤さんからいただいた野菜

白菜（分析名称：ChineseCabbge　英国マルバーン社・ナノサイト）

下の図は、白菜の茎の部分をスライスして生物顕微鏡観察したものです。秩序ある維管束（繊維と管からなる束）と黒環、光合成に必要な栄養素が環となり葉脈に移動している状態を示しています。

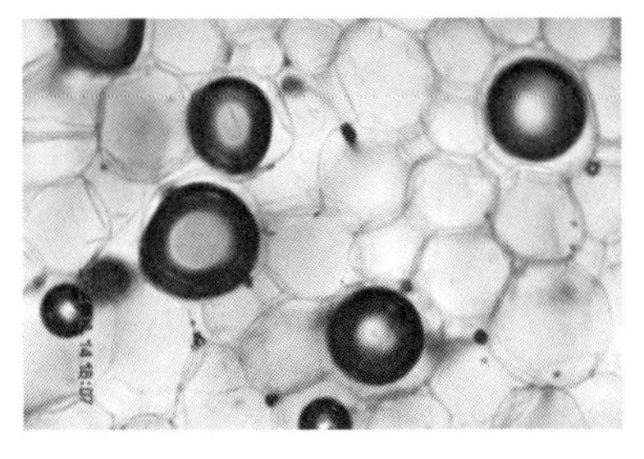
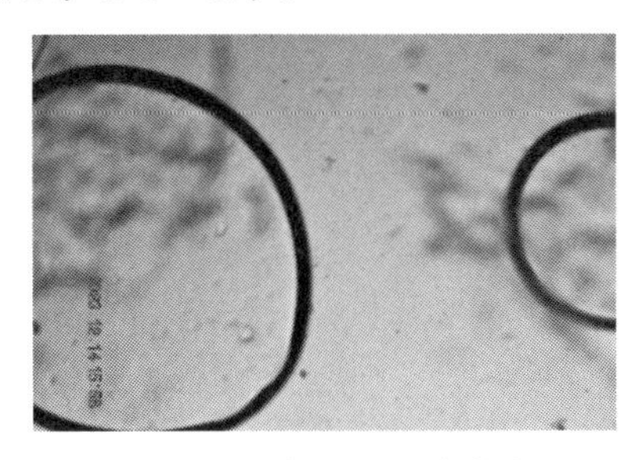

白菜の茎を生物顕微鏡で観察した画像。左図の六角形に見える部分が維管束。
黒い輪から栄養素が葉脈に移動している状態がわかる。

通常、植物の根が出す微量な根酸がアロフェン（粘土準鉱物）と反応してケイ酸を作り出し、栄養分輸送体となります。

そして植物成長に必要な光合成を促進させています。

しかし、過去の残留農薬や土中のアルミニウム等のせいで、根の付近の養分が凝集し、栄養ミネラル等の運搬役のケイ酸の働きが低下しがちになります。この状態を追肥等で賄うと、害虫の増加を招く悪循環を繰り返す結果となります。

対策は、まず施肥を減らし、1000倍に薄めた天然ケイ酸ミネラル（SiO_4）で土壌クリーニングすることをお勧めします。

ケイ酸農法と類似の農法に、福岡正信氏の自然農法、協生農法などがあります。私が推し進めるケイ酸農法も、生命の根源のケイ酸を活用することによって、ヒトの健康を支える重要な目的を論じています。

次ページのグラフは、白菜の搾り汁を20倍に薄めてミネラル群を観察したものです。

無機ミネラルの最小粒度は27nmであり、粒子数は15億個を示しています。

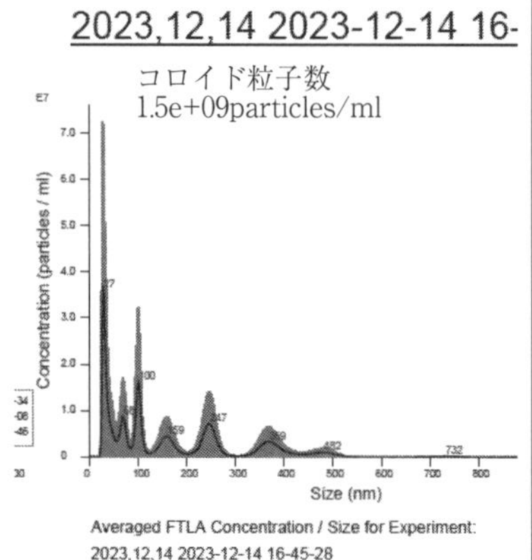

無機ミネラル

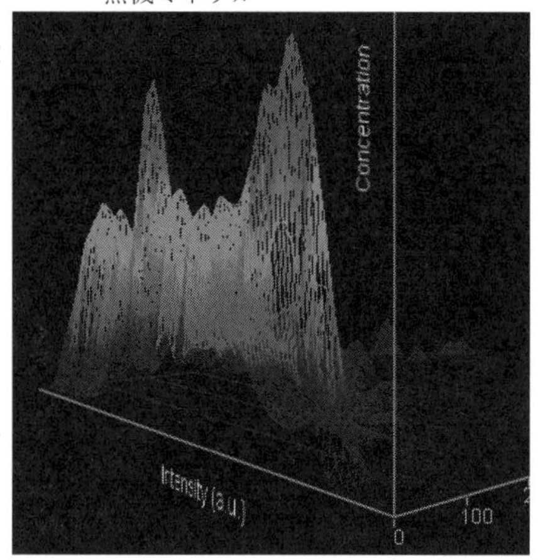

これは、野菜等の食材が腸内で吸収され、エネルギーとして代謝する栄養作用に見えます。

もしも野菜に残留農薬が付いているなら、それらも腸内で吸収されますが、ガンなど重大な病気を引き起こす因子となるのではないでしょうか。

家庭菜園は、命を守る食材の生産現場です。

第6章

「天然ケイ酸ミネラル」を添加した調理食材と健康管理

●浸漬らっきょうレシピ　広島三次の主婦の会　2022年6月1日

らっきょうを「天然ケイ酸ミネラル」に漬けると不思議ですが、甘酢漬け「らっきょう」にはない、もっと美味しい「らっきょう」に出会えます。えぐみ（苦み？）を感じないのが特徴です。

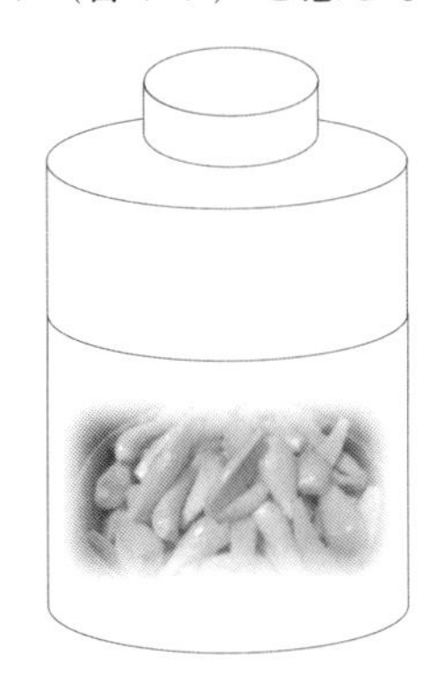

（用意するもの）

・「天然ケイ酸ミネラル」500倍希釈液

・ガラスの広口瓶

・食品用ラップまたはテープ

・砂糖

・塩

らっきょう1kgに対し、砂糖400 g、塩40 gの割合で用います。

（作り方）

1、らっきょうを下処理し、流水でよく洗ってからザルに上げます。

2、鍋にたっぷり湯を沸かし、らっきょうをザルごと入れて約10秒間浸漬し、一気に上げて湯水分を振り落とします。水はかけません。

3、別の鍋に漬け込みます。瓶は水を入れて煮沸殺菌します。

4、瓶を冷ましてから、「天然ケイ酸ミネラル」500倍希釈水、砂糖、塩（天然塩）を入れ、好みで鷹の爪を加えます。希釈水は、材料のらっきょうが充分漬かる程度にし、瓶の３割程度が空間になるように調整してください。

5、漬けた瓶は屋外に放置するため、虫予防に食品用ラップなどで広口を密閉します。密封することで発酵が促進されます。

6、瓶を軒下やベランダなど、太陽が半日でも照るくらいの場所に置きます。

7、時々様子を見てください。１か月ほどで、すべてのらっきょうが容器底部に沈んでいます。

この段階で食べられますが、人によっては生臭さが気になるかもしれません。その場合、もう１か月ほど漬けてください。しっかり漬かっているはずです。完全に出来上がりです。冷暗所に保存してください。

●月下美人で美酒づくり　廣見勉　2023年7月12日

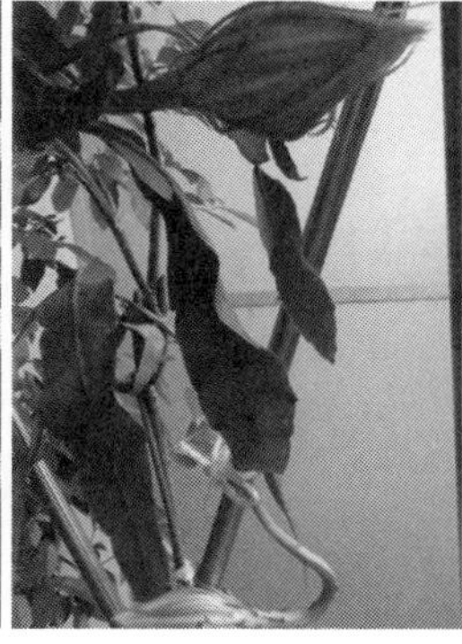

友人からいただいた「月下美人」。７月７日、七夕の夜に優雅な香りとともに開花の不思議に遭遇しました。

私（廣見）は、この花との別れを惜しみ、香りと味わいを後々も楽しみたくなりました。「天然ケイ酸ミネラル」を用いて、月下美人の「花びら酒」をつくることにしました。

市販のアルコール度35度の果実酒２ℓを用意しました。そこに「天然ケイ酸ミネラル」の原液100mlを混合し、開ききった瞬間の香り高い花びらを漬けました。

ケイ酸原液は、花への浸透も早くなり、熟成も早く、普通の果実酒がまろやかな美酒になります。

機能性（薫りがもたらす癒やし効果）およびアルコールのまろやかさを呈しています。

●健康・感動・ミネラル食パン　おづる四季の郷　粉木武さん　2023年9月12日

「おづる四季の郷」では、「天然ケイ酸ミネラル」を使用してパンを焼いています。

◇主な材料

強力粉、薄力粉、無塩バター、生クリーム、塩、ドライイースト、天然ケイ酸ミネラル、機能水

機能水と塩は製造特許を取得しているものを使用しており、人体の免疫活性をサポートする働きを重視しています。

◇食パンから得られる健康への期待

・皮膚細胞の活性化

・自己免疫力と免疫細胞の活性化

・がんに対する抵抗力の強化
・血管を丈夫にし、老化現象の出現を遅らせる
・腸内環境を整え、腸管の炎症を抑える
・高血圧を調整する

●香川さぬきうどん　門田篤さん　2022 年 7 月 20 日

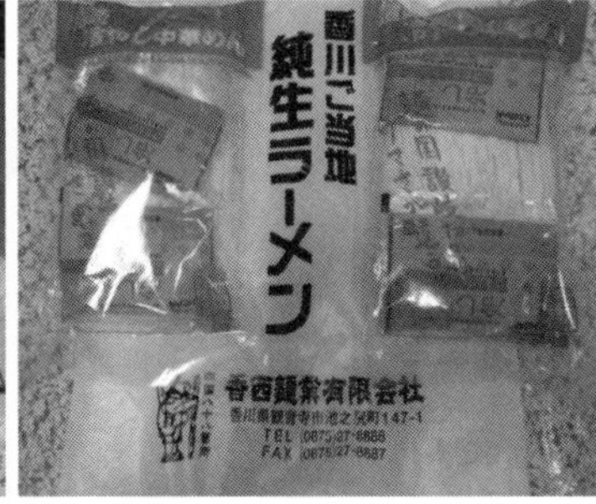

香川名物さぬきうどんの麺にも、「天然ケイ酸ミネラル」（食品原液）を使っている製品があります。

「天然ケイ酸ミネラル」は、小麦グルテンへの浸透性と発酵熟成に優れています。そして、食塩添加量が、極端と言ってよいほど低減することが可能です。そのため、「ケイ酸ミネラル食品原液」を使って打ったうどんは、うどん本来のツルツル感とコシがあり、旨味が整った総合食感に優れた一品に変化します。

「天然ケイ酸ミネラル」は、ケイ酸の他に各種の微量ミネラルも豊富に含まれていることから、抗酸化力があると考えられます。現代では、食生活が一因となって糖尿病など生活習慣病を引き起こしやすいと言われますが、抗酸化力が発揮されると、「食べる生活習慣病予防食」として期待できるでしょう。

●「天然ケイ酸ミネラル」栽培の無農薬玄米ランチが好評　2020年7月20日

お米の研究から始まった農業成果は、2017年に、「毎日農業記録賞・優良賞」受賞の栄に輝き、同年12月９日の毎日新聞で報道されました。以後、お米の供給は５年におよんでいます。

「天然ケイ酸ミネラル」を使用して栽培した無農薬玄米が、外食や市販の弁当に用いられ、好評を博しているとのことです。

●製麺うどん・混錬用　門田篤さん　2022年7月2日

「天然ケイ酸ミネラル」希釈水を使って手打ちうどん製造をテストした結果を報告します。

希釈濃度別に打ってみました。使用した小麦粉は、日清「手打うどんの小麦粉」です。

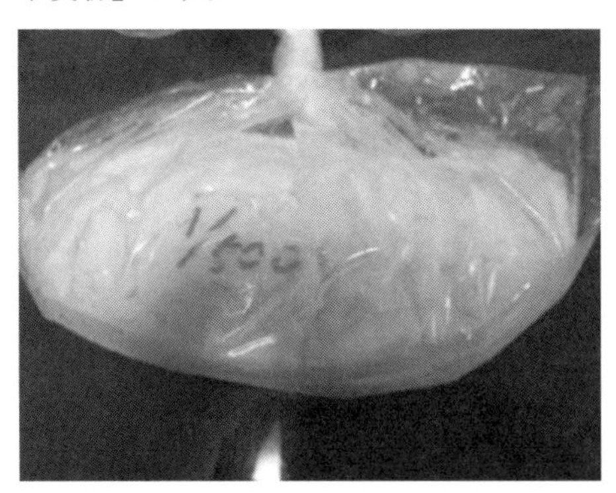

1、「天然ケイ酸ミネラル」50倍希釈水を使用

小麦粉500g、浄水230cc、ケイ酸約4.2cc（濃度２％）

熟成時間：30分、足ふみ回数：３回

結果：足ふみ後、柔らかい、麺棒にて延ばすのが簡単、茹で時間３分

うどんのこし：こしがしっかりある

２、「天然ケイ酸ミネラル」100倍希釈

小麦粉500g、浄水220cc、ケイ酸約2.2cc（濃度１％）

熟成時間：30分、足ふみ回数：３回

結果：足ふみ後、少し柔らかい、麺棒にて延ばすのが簡単、茹で時間８分

うどんのこし：こしがしっかりある

３、「天然ケイ酸ミネラル」500倍希釈

小麦粉500g、浄水220cc、ケイ酸約0.44cc（濃度0.2％）

熟成時間：30分、足ふみ回数：３回

結果：足ふみ後、少し柔らかい、麺棒にて延ばすのが簡単、茹で時間８分

うどんのこし：こしがある

４、「天然ケイ酸ミネラル」50倍希釈（香川本鷹唐辛子添加品）

小麦粉500ｇ、浄水210cc、ケイ酸約4.2cc（濃度２％）、香川本鷹唐辛子パウダー小さじ６杯

熟成時間：30分、足ふみ回数：３回

結果：足ふみ後、少し柔らかい、綿棒にて延ばすのが簡単、茹で時間５分

うどんのこし：こしがある

5、製麺屋で作ったうどん「天然ケイ酸ミネラル」15倍希釈

製麺屋さんに打ってもらいました。

小麦粉300g、塩水120cc、ケイ酸約8cc（濃度6.7%）

機械打ちの場合の塩水量は小麦粉の約40%。通常の製品よりこしが強く、今後も使いたいとのことです。

結果：ケイ酸を使った場合、通常の塩水と比べて柔らかくなります。うどんのこしがあります。塩分が少なく健康的です。

通常、さぬきうどんは特有のだしスープに麺の感触（こしがあると表現）、0.8%の塩分濃度、使用小麦の産地銘柄などで、「うどん」店ごとに競い合っています。しかし、「天然ケイ酸ミネラル」15倍希釈は0.3%の塩分濃度です。

この製麺屋試作のうどんを試食しましたが、小麦本来のうま味（甘み、香り）、塩分濃度が低いなど、優れていると感じました。

「天然ケイ酸ミネラル」を用いて製麺することで、普通の製麺とは一味違う、おいしいうどんに仕上がります。

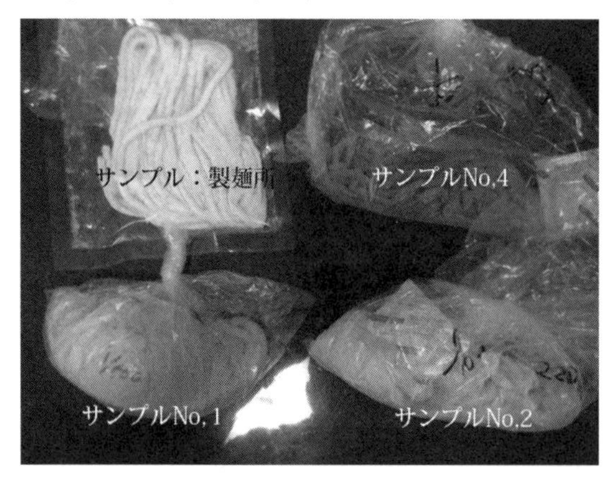

●ケイ酸農法で育てた野菜を使ったランチ　長湯温泉クア・レストラン　籾木武さん　2020年5月31日

大分県竹田市の長湯温泉・温泉利用型療養施設「クアパーク長湯」に併設のクア・レストランでは、「ケイ酸農法」で栽培した米や野菜を使ったランチを提供しています。米や野菜は、この施設のスタッフが「天然ケイ酸ミネラル」を使用して栽培したもの（大分県竹田市直入町産品）を使用しています。メニューは、「彩（いろどり）」と「クア御膳」の２種類です。

「彩」は、互いを引き立てる野菜を使用し、竹田市の「彩」を表現しています。限定15食です。

「クア御膳」は、抗酸化作用の強い黒米を使用したオリジナル、稲荷中心の魚と肉両方が楽しめるランチです。こちらも限定15食です。季節により内容を変更しています。

●玄米うどん　大分県産ヒノヒカリを焙煎　籾木武さん　2022年6月20日

長湯温泉の「クアパーク長湯」では、「天然ケイ酸農法」で栽培した玄米を使用した「玄米うどん」を製品化しました。小麦粉の割合を控えめにして製造しています。

米は、ケイ酸を使って栽培した大分県産ヒノヒカリを用い、焙煎して使用しました。

開発にあたっては、香川県観音寺市の製麺の専門家の協力を得て、「天然ケイ酸ミネラル」を小麦グルテンと玄米へ浸透させることに成功し、商品化しました。小麦グルテンは、パン生地としてではなく、添加物（粘着剤）として用います。この粘着物を生地に浸透させるためにナトリウム（塩分）を使用しますが、「天然ケイ酸ミネラル」を用いることで、少ない量のナトリウムで発酵（加水分解）が促進します。

「天然ケイ酸ミネラル」を使用することで、食塩の添加を極端に減らすことが可能となり、塩分の少ない「健康うどん」が完成しました。うどん本来のツルツル感、こし、旨味、香りが整った、総合的食感に優れた逸品です。

第7章

ペットと過ごせる健康生活のヒント

●ペットを天然ケイ酸ミネラルで健康に！

私たちは、人の健康をモデルとしてペット用に安全性の高い飲用品を開発しました。ペットのことを第一に考えた商品です。

1・健康効果

○体毛や爪の発育と皮膚細胞の活性化。

○血管を丈夫にする。

○ペットの免疫力と免疫細胞の活性化。（抗酸化力）

○軟骨組織を丈夫にして、関節の動きを滑らかにする。

○老化を低減。

○腸内環境を整え、腸管の炎症を抑える。

○糖尿病の症状軽減と予防作用。

○体内の毒素を排泄させる作用。

○ガンに対する抵抗力の強化 。

2・天然ケイ酸ミネラルの点滴は、飲用水に 2 滴 / 回添加

「天然ケイ酸ミネラル」は天然源泉ミネラルを改質したものです。

ペット飲用水 100cc に１～２滴の「天然ケイ酸ミネラル」を添加してください。１日の必要に応じた飲用習慣を維持すれば、明らかな体質改善と健康が保たれます。

野菜類・肉類から摂取するミネラルに比べても効果に優れます。また、ペットのおやつはペプチド結合タンパクが多く、難分解性物質です。ケイ酸が少ないと糖類の分解が困難になります。

以下は、飲用水 100cc に 2 滴を添加した、天然ケイ酸ミネラル粒子数を示したものです。

3・Dog & Cat Drinking Water

NANOSIGHT

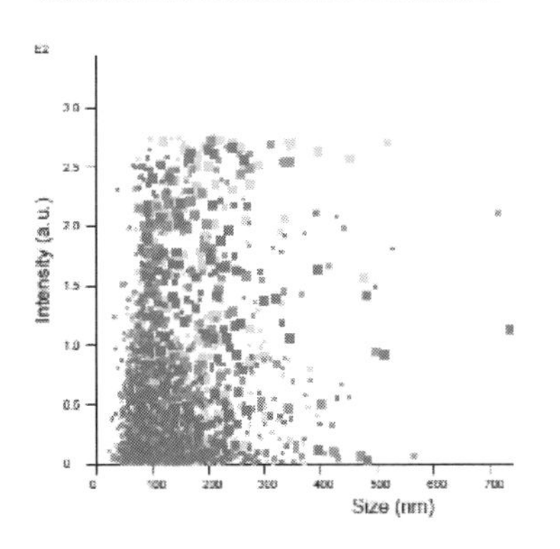

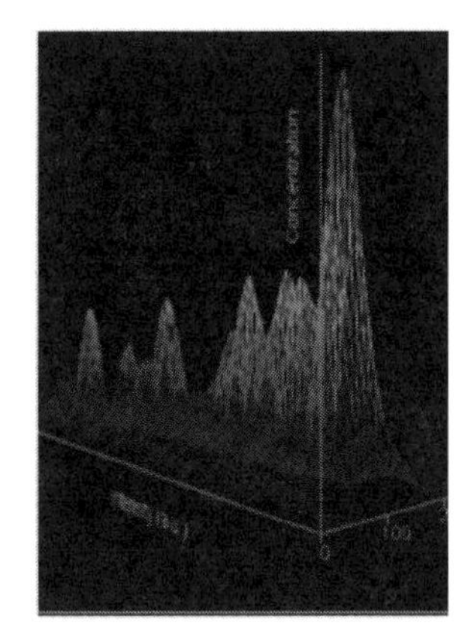

英国マルバーン社・分析

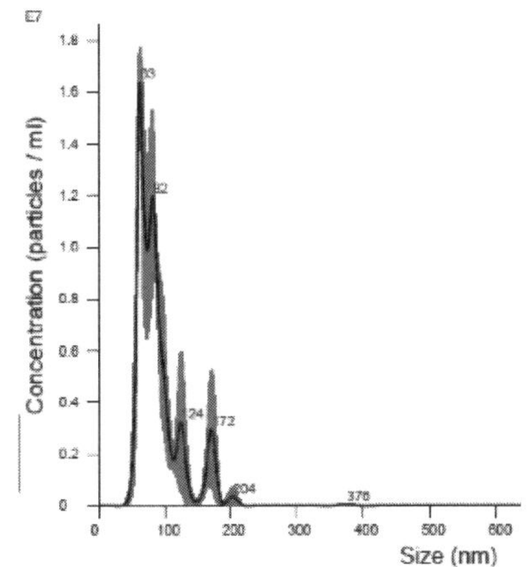

Concentration: 6.30e+08 particles/ml　(6.3 億個 /cc)　飲用は 100nm 以下が最適

●養鶏や小鳥の飼育にもケイ酸が役立つ

飲むケイ酸（天然ケイ酸ミネラル）は、養鶏や小鳥の飼育用も開発しています（バードミネラル液と称しています）。

自然の環境で放し飼いの鶏の特性は、ミネラル豊かな場所を知っていて、「必要を求めて」その場所にたどり着くことです。野生の鳥の習性が失われずにいるのです。

鶏舎内のケージ飼いではなく、平飼いであっても、鶏舎内では鶏はミネラルを求めて移動することはできません。

養鶏家として産卵鶏へ愛情があるなら、この習性を重視し、守り、その「必要」を提供することが求められるでしょう。

そこで、「天然ケイ酸ミネラル」が役立ちます。「天然ケイ酸ミネラル」は、ケイ酸以外に、マグネシウムやカルシウム、ナトリウムなど複数のミネラルと共存、結合しているからです。

ウィンドレスの鶏舎での飼育は病気の多発を招きます。ストレスもたまるし、病気はうつりやすいし、紫外線がないことも病原菌にとって居心地がよい環境です。

「天然ケイ酸ミネラル」液は、オーシスト、マレック病、伝染性ファブリキウス嚢病などのウイルスからの、また食中毒原因菌など鶏舎周囲の土壌に長期間生存する病原体からの感染に対し、免疫力を向上させ、感染に強い体質へ改善し、その状態を維持させます。

感染症の予防には普通、抗生物質を使用しますが、「天然ケイ酸ミネラル」を使用することによって、最初から餌に数種類の抗生物質を入れることはせず、ケイ酸液を希釈して飲用水として飲ませることで、病原体に負けない体質に育つことが期待できます。健康な卵を産む鶏に育ちます。

整理すると、鶏・小鳥用「天然ケイ酸ミネラル」には次のような効果があります。

１、酵素不全による不耐症（抵抗力）が軽減されると考えられます。

２、アミノ酸やペプチド鎖の形成に対して、触媒として機能すると考えられています。

３、タンパク質の変性を防ぎ、タンパク質の生成に効果があると考えられます。

４、ケイ酸粒子は100nm以下という超微細の液状で、生体が即座に体に取り込める状態になっています。様々な栄養素の運搬・吸収作用に大きな効果を発揮します。
５、ケイ酸粒子は強いマイナス電荷を帯びたケイ酸塩（非晶質）コロイドを形成しています。一方、有害な毒素は概してプラスに帯電しているため、有害な毒素は吸収され、効果的に排泄されます。
６、外傷や羽毛の発育には目覚ましい効果が見られます。
７、ヨーロッパの文献（バイオスティミュラントに関する資料の翻訳）に、鳥類へのケイ酸の使用は、ヒトや動物の経口栄養補助食品としてほぼ同じ濃度（20～40nm）でよいと述べられています。

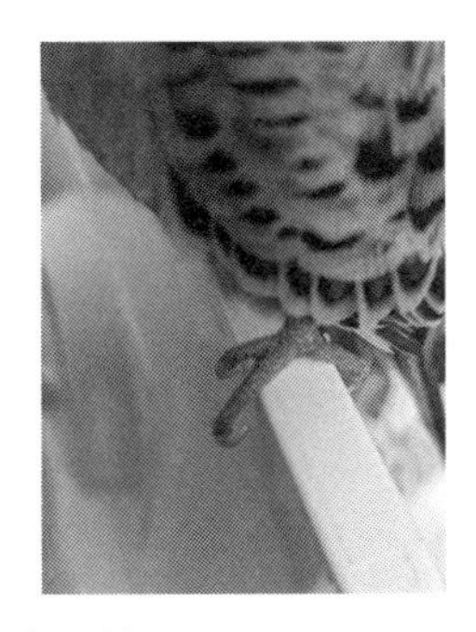

長寿のセキセイインコ（10才）

◇バードミネラル効果－愛鳥家　石川礼子さん

飲み水にはバードミネラルを２滴加え健康管理に努めています。

2015年３月１日～2023年７月10日～現在、10年を迎えています。バードミネラルを飲み始めて２年くらい経ちますが、飲んでいない時から比べると嘴の艶感があり、とても光っています。

飲用浄水150mlに「バードミネラル」を0.45ml（２滴）滴下し、ケイ酸濃度を分析しました。

2021,4, 22　City Water 150cc/Taketa 0.45cc
pH; 8.0 ORP; 233 mV
Concentration: 3.66e+08+/06 particles/ml
Intensity/Size graph for Experiment:

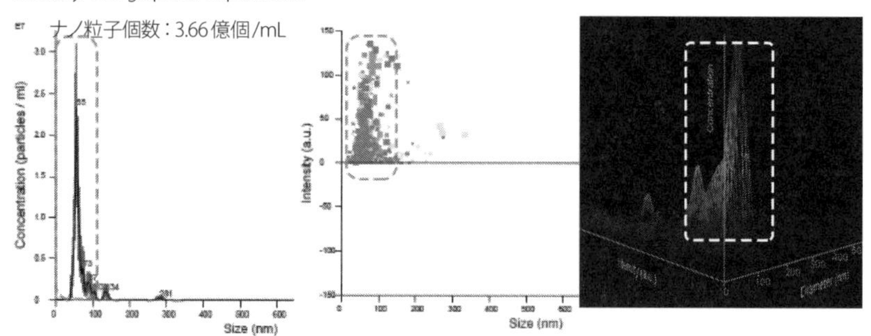

ケイ酸粒子 10 ～ 100nm を示す。多元素共有ミネラル結合体

◇**説明**

ナノ粒子個数……3.66 億個／ ml

ケイ酸粒子 10 ～ 100nm を示す。多元素共有ミネラル結合体。

小鳥の水皿（150ml）に２滴の「バードミネラル」を滴下した時の飲用水です。

pH は微アルカリ性を示し、粘性（Viscocity）は 0.935cP であり、浸透・吸収性に優れています。

酸化還元電位（ORP）も、233mV であり、飼料の消化を助けます。

●小鳥も健やかに育ち、羽も美しくなる

鶏・小鳥用の「天然ケイ酸ミネラル」は、ケイ酸と複数のミネラルによって、小鳥や小動物の血液や体液の中で主要な電解質として細胞の浸透圧を調整したり、神経伝達に重要な働きをしたりします。

その結果、小鳥では、餌の消化促進、外傷の予防や保護、羽毛の発育、整腸、解毒（有害な毒素を効果的に排出）などの作用をします。

食物からは摂取しにくい「天然ケイ酸ミネラル」を補給することで、小鳥が健やかに育ち、羽根も美しく育ち、色艶が保たれます。

いつもの飲料水に１～２滴入れて飲ませることで、消化吸収、整腸作用、解毒能力、羽毛の発達など様々な効果が期待できます。

【こんな小鳥におすすめ！】

・手軽に病気予防がしたい、下痢気味、羽毛がボサボサ、最近食欲がない

・足がカサついている

●採卵鶏飼育家からの報告：

そらのとりふぁーむ　高橋章さん

2022年５月28日報告

「天然ケイ酸ミネラル」を採卵の養鶏に用いると、鶏が元気になるだけでなく、味がよく、見事な卵を産みます。

採卵鶏を飼育している２箇所の採卵場からの報告です。

ゴトウもみじ

高橋さん　ケイ酸開発者

「そらのとりふぁーむ」では、「自然卵鶏場」の手法に従い、約45羽の純国産採卵鶏「ゴトウもみじ」を飼育しています。飼料穀物は手づくりで黒豆を配合しており、さらに「天然ケイ酸ミネラル」希釈液を添加しています。

鶏と人の健康を重視した卵です。卵は、タンパクを含め３層構造になっ

ているのがわかります。

生食すると、のどごしがさわやかです。現在、高橋さんの娘のアイデアで、この卵を使ったプリンの商品化を計画中だそうです。

●農事移住者　沖田尚也さん・鈴木翔太さん

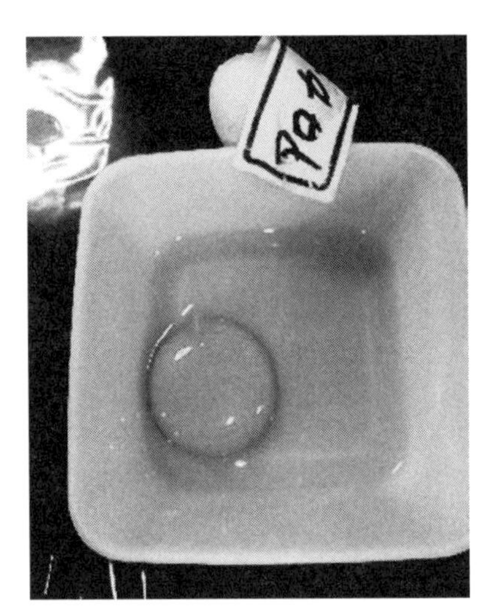

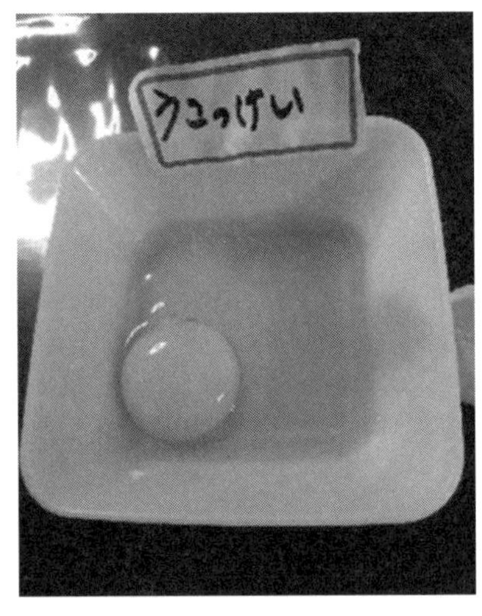

沖田さんと鈴木さんは、南米チリ原産のアロカナ種と烏骨鶏を飼育しています。卵殻が薄いブルーを呈し、めずらしさもあって人気があります。

烏骨鶏は小柄な養鶏で、卵も小粒です。生食は平均的な旨さです。鶏がらスープは有名です。

「天然ケイ酸ミネラル」を使用して育てた鶏卵は、卵のハウユニットの値が高く、鮮度が長持ちする、殻の強度が強い、卵に鶏臭が感じられない、ヒトのタンパク吸収性に優れている（健康回復に役立つ）などの特長があります。鶏が健康であるためサルモネラ菌汚染が広がらない（鶏インフルエンザの予防も可能と考えられる）ことも長所です。

第8章

飲む「天然ケイ酸ミネラル」を健康づくりに活かす新評価法

●ケイ素は人体の構成要素で、健康に欠かせない必須ミネラル

地球の構成要素であるケイ素は、大地に育つ植物とそれを食料とする人間の体をつくる重要な構成要素でもあります。第１章で概説しましたが、ケイ素はミネラルの１つで、体の各器官や臓器の材料となっています。そして、体の中で様々な重要な働きをしています。

人間にとって必須のミネラルで、健康にとって決して欠くことができません。しかも、体の中で合成されないため、日々の食事から摂取する必要があります。

ケイ素は、骨の形成や健康にも関わっています。健康との関わりでケイ素が最初に注目され、その存在が早くから認められたのは実は骨に関する働きについてのことでした。

抗酸化作用も、ケイ素の重要な働きの１つです。酸素は重要な物質であり、体の様々な代謝には酸素が必要ですが、酸素の一部は活性酸素に変化してしまいます。紫外線、喫煙、酸化した油、ストレスなども、体内に活性酸素が蓄積する要因となります。

活性酸素は細胞伝達物質や免疫物質として働きますが、過剰につくられると遺伝子や細胞を傷つけ、血管障害、がんなどの生活習慣病や老化をもたらします。

ケイ素は、また食物繊維の主成分となります。植物性の食品には食物繊維が含まれますが、その食物繊維はケイ素からできているのです。

さらには、ケイ素には抗動脈硬化作用もあります。動脈はたくさんのケイ素を含んでいます。ところが加齢とともにケイ素が減少し、アテローム硬化症になると大動脈のケイ素含有率は大きく低下します。ケイ素には高血圧や糖尿病の予防効果があるという報告もあります。

傷の治癒や老化性の退行性疾患にも関与しています。ケイ素は胎児の成

長にも関与しています。

このように、地球の構成要素であるケイ素は、大地に育つ植物とそれを食する人間の体をつくる重要な構成要素でもあるわけです。

●現代人にはケイ素が不足している！

ミネラルの働きと作物の生育や人間の健康に関する研究で著名な渡辺和彦氏（京都大学農学博士）によると、「穀物や野菜、果物などの農作物から摂取するミネラルでもっとも多いのはホウ素とケイ素」で、すなわち、私たちが生産する農産物は、この２つの元素を通じても人の健康に大きく貢献していると言えます。

植物と人体における各元素の比の大小を見ると、ナトリウムは0.01、塩素は0.07で、人体に多く含まれています。ところが、ホウ素は139.86、ケイ素は35.09と、植物のほうが断然多いのです。農作物にはマンガンも多いのですが、植物は動物と違い、光合成を営むことが関係しているからです。

渡辺氏によると、ポイントは、「人間が農作物を多く食べるということは、ホウ素とケイ素を摂取していること」といっても過言ではないということにあります。

しかし、私たち現代人はケイ素が不足しています。

ケイ素が不足している理由は、ミネラル全般が不足している理由と基本的には同じです。

農薬や化学肥料を使用し、土壌のミネラルが不足してきています。そのため、農産物に含まれるミネラルの量が減ってきています。

また、食品は精製すればするほどミネラルの含有量は減少します。精白した穀類ばかり食べるようになって、穀類から摂取するミネラル全般、そしてケイ素も不足しています。

お米ではケイ素は玄米の糠の部分に多く、精米すればするほどケイ素の含有率は下がります。玄米には可食部100 g当たりにケイ素が4,700マイクログラムほど含まれますが、精白した白米にはその10分の1以下の450マイクログラムしか含まれていません。

現在、主食としての穀類の消費量は、小麦がコメを逆転しています。小麦はパン、うどん・ラーメン・パスタなどの麺類、ケーキやクッキーなど菓子類の原料として用いられます。小麦にはケイ素は多く含まれますが、精白したものを用いるので、ケイ素の供給源としては頼りにならないでしょう。

現状を改善する方法としてはまず基本は、農作物のケイ酸含有量を増やす栽培法に切り替えなければなりません。そのために必要な資材がケイ酸で、「天然ケイ酸ミネラル」の存在価値がそこにあります。

●長寿の村、フンザの研究がケイ酸の研究を進めた

日本で健康志向が高まりはじめたのは、1980年（昭和55）頃からでしょうか。この頃、薬草のアマチャヅルが大ブームとなりました。その後の薬草茶ブームの先駆けです。

アメリカでは、1977年（昭和52）に『奇蹟のランニング』（邦題）が出版され、ジョギングの一大ブームが起きました。

その年、アメリカでは、上院議員のマクガバン氏が食事と栄養に関するレポートを政府に提出しました。

当時のアメリカの死因は、心臓病が1位、がんが2位。心臓病の治療だけでも国家の経済に大きな負担となっていました。その改善のために医療改革が進められ、同年、国民栄養問題アメリカ上院特別委員会が設置されました。

この委員会では、数千万ドルもの経費を投入。世界各国から3,000人以上の医学者や栄養学者に協力を求め、食事と健康に関して世界的規模で調査と研究が行われました。

それは７年におよび、その結果をまとめたものが「マクガバンレポート」と称される報告書です。

レポートは、ハンバーガーやステーキ、アイスクリームや炭酸飲料といったアメリカの典型的な食事を否定したのが特徴です。「がんや心臓病、脳卒中などの病気は肉食を中心に偏った食生活が引き起こした食源病であり、これは薬では治らず、早急に食事の内容を改める必要がある」と政府に勧告したのでした。

この調査・研究では、世界の長寿村と言われる地域の実態調査も行われました。

その１つが、アジア大陸、カラコルム山脈の北西にあるフンザです（当時はフンザ藩国、現在はパキスタンに属する）。現在のパキスタン北部に位置するこの小さな村は、秘境であると同時に長寿の村として知られていました。なんと、1980年代当時、平均寿命は90歳以上で、病気で亡くなる人も少ないということでした。

この地の人たちが健康で長生きする秘訣の１つが、氷河が溶けた鉱物ミネラルたっぷりの飲み水と食事にありました。

食事は、薄焼きのパンを主食に、生野菜、果物、ヨーグルトをよく食べ、肉はほとんど食べません。加えて、高齢になっても農作業で体をよく動かしていることも、健康によいとされています。

また、「杏子の種を食べる習慣〜ビタミンＢ 17の摂取」が長寿の秘訣とも語られていました。ビタミンＢ 17が含まれる杏子の実は当時、健康補助食品としてその効用が盛んに語られ、大きなブームになっていました。

ところが、しばらくの時を経て、フンザの長寿と健康に関する話題の中心はケイ酸に関することに移っていったのです。

●フンザの健康長寿の秘密は飲用水のケイ酸だった

この長寿村フンザの長寿の秘密を解き明かしたのが、天才科学者と言われたアメリカのパトリック・フラナガン博士（1944年生まれ）でした。

博士は子供の頃から奇才を発揮し、誘導ミサイル装置や、耳の不自由な人でも直接皮膚を通して音を聞くことを可能にした補聴器「ニューロファン」を発明。17歳でアメリカの十指に入る科学者の1人として『ライフ』誌に取り上げられました。19歳で宇宙ロケット・ジェミニの打ち上げに加わったし、その後、人間の言語をイルカの言葉に翻訳するコンピューターを設計しています。

そのフラナガン博士がフンザの水を研究することになったのですが、それはルーマニアの天才科学者ヘンリー・コアンダ博士（1886～1972年）からフンザの水の研究を託されたからでした。

コアンダ博士は1920年代、どんな表面を流れる流体もその表面に吸着する傾向があるという、「コアンダ効果」の発見者として知られています。フンザの人々の長寿と健康の秘密は彼らが大量に飲んでいる「氷河乳」と関係があると聞いて、水の研究家として調査と研究に乗り出したのです。1930年頃でした。

当時すでに、フンザの人々の長寿と健康の秘密は、彼らが大量に飲んでいる氷河乳に隠されているとわかっていたようです。氷河乳は、氷河から流れ出てくる懸濁水（粘土を含んだ濁水）です。懸濁水には豊富なミネラル成分が含まれていることも突き止められていました。

結局、氷河の水の秘密は解明されないまま、研究はフラナガン博士に引き継がれました。1963年頃のことです。

コアンダ博士の後を託されたフラナガン博士は研究を重ねた末、フンザに流れてくる川の自然水の濁りの正体はコロイド状のケイ酸塩、つまり、コロイド表面が強い負（マイナス）電荷を帯びた非晶質のケイ酸であることを明らかにしたのです。

コアンダ博士と出会ってから20年近くたっていました。フンザの水には水素が多く含まれていますが、水素（還元力）を活かしているのは、マイナスイオンのケイ酸だったのです。

「かつてのフンザ藩王国」　著者友人とフンザ兵士（骨格が大きい）

ちなみに、通常、経口で摂取したケイ素は胃酸によってケイ酸になるといわれていますが、その変換はわずかでしかありません。

●ケイ素はカルシウムよりも骨に必要（経口摂取後のケイ酸）

今の日本では、ほとんどの人が、骨にもっとも必要な栄養素はカルシウムだと思っているでしょう。ところが、骨を丈夫にするためにカルシウム以上にケイ酸が重要であるとの報告が、アメリカの「フラミンガム子孫研究」により 2004 年になされました。

この研究は、「食事からのケイ素摂取量の差が骨密度におよぼす影響はカルシウムより大きい」と結論付けています。

フラミンガム研究は、1940 年代から始まった長期間の地域レポート研究です。同一地域に住む人々を対象に、食生活や血圧、血清脂質などを調べたうえで長期間にわたり、健康状態の変化を追跡調査しています。高血圧、肥満、喫煙は、心臓病の死亡リスクが高いことを明らかにしたことでよく知られています。

骨とケイ素の関係については、当初の研究に参加した人々の子供を対象に行われ、そのためフラミンガム子孫研究と名付けられています。

1970年代から始まったこの研究は、米国ハーバード大学、英国セント・トーマス病院など英米5機関の共同により、2,847人（男性1,251人、女性1,596人、30～87歳）を対象にして実施。ケイ素摂取量によってグループに分け、背骨と大腿骨頸部などの骨密度を測り、食事などによるケイ素摂取量と骨密度の関連性を研究しました。

その結果、男性や閉経前の女性ではケイ素摂取量が多いほど大腿骨頸部の骨密度が高く、もっともケイ素摂取量が多いグループ（1日40mg以上）はもっとも少ないグループ（1日14mg未満）と比較して、骨密度が10%近く高いことが明らかになりました。

加えて、今回の研究結果から、男性と閉経前の女性については、食事からのケイ素摂取量が多いほど骨密度が高まるという、骨とケイ素の関連性が指摘されました。

骨で重要なのは骨密度だと言われます。骨量という言葉もありますが、これは骨密度と同じ意味です。

骨密度（骨量）は、骨の強度を表す指標の1つで、一定容積の骨に含まれるカルシウム、マグネシウムなどのミネラル成分の量を指して言います。

これらのミネラルのうち、骨にとってもっとも重要だと言われ続けてきた栄養素がカルシウムです。それが現在でも一般の人の間では常識ですが、カルシウムだけ密度が高くても、骨は簡単に折れてしまいます。骨に必要なのは、カルシウムとカルシウムを密着させるコラーゲンです。

骨密度（骨量）は大事ですが、実はそれ以上に大事なのが骨質です。骨質とは、骨の構造や材質のことで、骨量（骨密度）と骨質が骨の強さを決めているのです。

近年、骨量が平均より多いのに大腿部骨折などを起こす人が目立っています。その原因についての研究から、原因は骨質にあることがわかってきました。

骨の構造を鉄筋コンクリートの建物に例えると、カルシウムはコンクリートに当たり、コラーゲンは鉄筋に当たります。建物は、コンクリートの量だけを増やしても、丈夫になりません。鉄筋で強化することで、はじめて頑丈になります。

そして、そのコラーゲンをつくり出すのに大きな働きをしているのがケイ素なのです。骨のカルシウムの成分を分析すると、必ずケイ素が多く含まれています。

年をとると、骨折しやすくなるし、皮膚がたるみ、シワやシミができてきたりします。これらは老化の象徴的現象ですが、「その進行にはコラーゲンの減少、ムコ多糖類の減少があり、その背景にはケイ素の不足がある」と、渡辺和彦博士は指摘しています。

付け加えると、渡辺博士は、『農業と科学』（平成29年８月１日）掲載の「ケイ素,マグネシウムは血液中長寿ホルモン『アディポネクチン』を増やす・・適度な運動も、野菜の硝酸イオンも同様だった・・」と題した論文で、次のように述べています。

「筆者がアディポネクチンの名称に初めて接したのはケイ素の動物への健康効果を調べられていた琉球大学名誉教授の真栄平房子先生の論文（Maehira F,et al.,2011ab）である。ラットやマウスにケイ素を投与すると骨が丈夫になるだけでなく糖尿病や高血圧も予防できる可能性を各種実験で示され、図４（割愛）のようなデータも示されていた」

ケイ素*自体に、様々な作用・効果があることがうかがえます。

＊ケイ素は重量分析法（環境計量分析：単位 mg/L または ppm）で表示したものであり、ケイ酸はコロイド粒子と表示するのが正しく、粒子サイズ、個数／cc で動態把握（陰電荷）する新評価法です。

●幼い時に海馬や胸腺にケイ酸が集まる理由

幼い時の体内では、ケイ酸は海馬や胸腺に集まっています。ということは、これらの部分でケイ酸が重要な働きをしているに違いないと、想像ができるのではないでしょうか。

海馬は、脳の大脳辺縁系の一部で、本能的な行動や記憶に関与します。一方、胸腺は、胸骨の後ろ側にある器官で、リンパ球の分化・増殖に関与します。

どちらも成長過程でとても重要です。海馬は人間としての情動を育むし、胸腺は免疫器官として幼少時に発達します。そういった働きに、ケイ酸コロイド粒子が関与しているわけです。

海馬は、ケイ酸が欠乏すると精神的に不安定で落ち着かなくなることが、現代の医学で明らかになっています。

うつ病の原因の１つとして挙げられているものに、脳内化学物質のセロトニンがあります。「セロトニンが正常に分泌されているから精神が安定するし、不足するとうつ病などの気分障害がもたらされる」という説（仮説）があります。

そして、セロトニンは、ケイ酸によって正常に分泌されるという説があります。

●脳内ホルモンを分泌する松果体の主成分はケイ酸

松果体は脳内の中央、左右の大脳半球の間に位置し、２つの視床が結合する溝にはさみ込まれている分泌器官です。松果腺とも言われます。非常に小さく、長さ５～８mm、幅３～５mm 程度で、松笠（まつぼっくり）のような形をしていることから、この名が付いたと言われます。非常に小さいけれど、非常に重要な働きをしています。

分泌器官として、概日リズムを調整するホルモンのメラトニンを分泌することでよく知られていますが、分泌するのはメラトニンだけではありません。松果体からは、メラトニンの他、セロトニン、ドーパミン、β-エンドルフィンなどの脳内ホルモン（神経伝達物質）が分泌されます。

私たちが朝になると目覚め、そして日中は活動し、日が暮れると休息し、夜になると眠るのも、これらのホルモンが関係しているわけです。すなわち、生命活動の基本に関わっています。

この松果体の主成分はケイ酸と言われています。ケイ素は生命活動の基本に関わっている物質（元素）なのです。

松果体は、子供のときは大きく、思春期になると縮小しますが、それに伴ってメラトニンの生合成量も減少します。このことから、松果体は性機能の発達の調節にも関係していると考えられています。

そして、年とともに石灰化し、縮小していくことが明らかになっています。現代では成長した大人はほとんどが、松果体が石灰化し、退化しているという説もあります。

軽度認知障害（ＭＣＩ）からアルツハイマー型認知症に移行した患者では、松果体実質体積がその以前と比べて有意に減少していることが、2021年に京都府立医科大学大学院医学研究科精神機能病態学の研究グループの研究で報告されています。「松果体体積の減少は臨床場面において、軽度認知障害からアルツハイマー型認知症への移行の予測因子として有用であるかもしれない」との見方を、研究グループは示しています。

また一方で、特定の病気でいちじるしく腫脹することがあることが、現代医学の研究によって以前からわかっています。

●謎の器官として、哲学の父・デカルトも松果体を研究

松果体の存在に気づいたのは非常に古く、紀元前300年頃にはヒトの松果体が発見されたと伝えられています。また、紀元前２世紀には、ガノレスがその名称と位置を初めて記述したとされています。ガノレスは、ローマ帝国で臨床医として解剖も行い、医学を集大成した医学者としてその名が歴史に刻まれています。

歴史上、松果体研究でよく知られているのは、17世紀、松果体を精神の座としたデカルト（近世哲学の父と言われるフランスの哲学者・数学

者。1596～1650年）の説です。著書『人間論』によると、デカルトは、視覚をはじめすべての感覚情報が松果体に集まり、精神活動の源泉になると考えました。

19世紀には、松果体を「第三の眼」とする考え方が生まれました。

松果体は謎の器官とされていましたが、20世紀になって松果体からメラトニンが分離、同定されたことなどをきっかけにして、研究が飛躍的に発展しました。2019年には、東京大学大学院理学系研究科のグループが、「「第三の眼」として知られる松果体の遺伝子発現や発生を制御する鍵分子としてＢｓｘを同定した」と発表しています。補足すると、ニワトリやサカナなど多くの動物では、光を感じる「第三の眼」として機能することが確認されています。

石灰化し、実質体積が減少した松果体では、ケイ酸は減少しており当然、メラトニンなど脳内ホルモンの分泌も低下します。となると、当然、睡眠に問題が起こるし、やる気も出なくなるでしょう。「年をとるとそういうもの」という見方は根強くありますが、実はケイ酸の摂取不足が影響しているかもしれません。

●ケイ酸には、老廃物を排泄するデトックス効果がある

「飲用天然ケイ酸ミネラル」5cc以上を水や飲み物で希釈して飲むと、ケイ酸はすぐに腸管から血中に入ります。2時間後、血清中のケイ酸濃度はピークになります（平均体重50kgの場合は、5ccを飲用する）。

その後、腎臓を経由し尿へと排出されます。飲んでから3時間以内に尿からの排出量の65％近くが、6時間以内に90％近くが排出されると言われています。

私も朝起きてからいちばんにケイ酸希釈液を飲むと、実際、2時間ぐらいたってから尿意をもよおします。

この時、体内の老廃物や有害物質の排泄が促進されたと感じます。

ケイ酸はマイナスに帯電しているので、プラスに帯電している水銀や砒素、鉛などの有害元素に抱きつき、吸着し、ともに尿から排泄させます。

フッ素は体内に過剰に入ると、松果体を傷害し、アルツハイマー病を引き起こす原因になると言われますが、ケイ酸は余分なフッ素を排出します。

ケイ酸にはまた、動脈硬化の原因となるコレステロールなどの脂質にも吸着し、これらも尿から排泄させる働きがあります。

現代の生活は化学物質にあふれ、私たちの体内にはいったいどれほど有害な化学物質が取り込まれているでしょうか。

薬、髪染め剤、農薬、食品添加物、生活環境の中にある化学物質など、数え上げたら切りがありません。

もちろん、それらを取り込まないように努めることは大事ですが、限界があるでしょう。そこで求められるのは、体内に入った化学物質の排泄を促すことで、そのためにケイ酸コロイド粒子が役立ちます。

●ケイ酸が不足すると、ミトコンドリアの働きが低下する

ミトコンドリアは、細胞の中にある小器官で、ここでエネルギー（アデノシン三リン酸＝ＡＴＰ）がつくり出されます。ＡＴＰのこのエネルギー産生がなければ細胞は活動できません。

この生命活動と生命維持の根源に重要な役割を担っているのがケイ酸なのです。

ケイ酸が不足すると、ミトコンドリアの働きが低下します。そして、ミトコンドリアの働きの低下は、細胞の働きを低下させ、体に様々な悪影響をおよぼします。

低体温をもたらしたり、免疫力を低下させたり、がん細胞のアポトーシス（自殺）誘導作用を低下させたりします。

また、大きな問題として、体内に活性酸素を大量に発生させる原因と

なることが挙げられます。活性酸素は、がんをはじめ、高血圧、動脈硬化、脳梗塞、心筋梗塞、糖尿病、白内障、アトピー性皮膚炎、気管支ぜんそく、リウマチ、シミ、シワなど、実に多くの病気の発症に関係しています。

安保徹・元新潟大学大学院教授によると、ミトコンドリアが正常に働くと、低体温は改善し、血流はよくなり、活性酸素の害は避けられ、がんが発症しにくくなります。

●「天然ケイ酸ミネラルコロイド粒子」に期待される健康効果

ケイ酸には、次の表に挙げるような健康への効果があります。温泉水を改質してつくった「天然ケイ酸ミネラル」に含まれるのは、ケイ酸単一ではありません。ケイ酸とともに、カリウム、ナトリウム、マグネシウム、カルシウム、サルフェート、ホウ素などのミネラルを含有しています。

それに比べ、水晶などから開発した水溶性ケイ酸は、ケイ素単一で、他のミネラルは含んでいません。その点が「天然ケイ酸ミネラル」は違います。複合的にミネラルが含まれていることから、これらの健康効果がいっそう期待できます。天然ケイ酸ミネラルコロイド粒子は20〜40nmで腸内吸収部アクアポリンを通じ血中に運搬されます。

- 毛髪や爪の発育と皮膚細胞の活性化（しばしば『美しさのミネラル』と呼ばれています）
- 自己免疫力と免疫細胞の活性化（抗酸化力）
- 軟骨組織を丈夫にして、関節の動きを滑らかにする
- 骨や歯のカルシウムの不足を補う
- カルシウム、コラーゲン、グルコサミンを体に沈着させる
- 老化現象を阻止
- 血管を丈夫にする

・冠動脈疾患の抑制効果
・高血圧を調整する
・肺組織の粘膜の弾力性を復元し、気管支炎の炎症を抑える
・不眠症を緩和する
・体の酸化防止、早期の老化を防ぐため若さを維持できる
・頭痛、耳鳴り、めまいの軽減
・女性に多い骨粗鬆症の予防ができる
・腎臓結石を防止して、尿路感染症を予防できる
・腸内環境を整え、腸管の炎症を抑える
・結核を治療、予防する（結核の薬として開発されている）
・糖尿病の症状軽減と予防作用
・関節の弾力を向上させることにより、リウマチに効果
・アルツハイマー病の予防（体内のアルミニウムを排泄させる効果がある）
・変形性関節症の痛みを軽減する
・認知症のリスクを減らす
・がんに対する抵抗力の強化

●現代人はもっとコロイド粒子ミネラルをとる必要がある

体内の元素（ミネラル）は全般的に減少してきていると考えられます。

理由の１つは、化学肥料の使用などによる土壌の変質などを背景に、野菜類に含まれるミネラルの量が昔に比べて大幅に減っていることです。

もう１つ、ライフスタイルが変化し、加工食品を食べる機会が増えてきたことが挙げられます。日常化し、食事の相当の割合を加工食品が占めている人も少なくありません。

便利な加工食品ですが、ミネラルは一般に水に溶けやすい性質があります。加工の段階で水処理をするため、ミネラルが失われてしまうのです。

元素（金属元素＝ミネラル）の必要性や有用性について、桜井弘京都大学名誉教授（代謝分析学教室）は次のように述べています。

我々が健康状態にあるときは、あらゆる元素は酵素、タンパク質あるいはホルモンによって調節され、ある一定の濃度範囲で存在する。最近の研究では、ヒトの体内の元素濃度は、年齢とともに、あるいは健康状態に依存して、変動することが明らかにされつつある。

最近世界的に、健康の維持や、疾病との関連で、金属元素の役割に熱い注目が集められ、金属元素を含む食品や飲料水が発売されている。（中略）

生活習慣病としての骨粗鬆症はCa（カルシウム）の欠乏が原因しているとか、日常の食生活のアンバランスにより潜在的なFe（鉄）やZn（亜鉛）欠乏の人々が増えていると言われている。（中略）

21世紀の我々の健康を考える「最後の物質」が金属元素と期待されているのだろう。金属元素に関する知識を生かして、Quality of Life（QOL）の高い毎日を過ごす努力が必要であろう。

桜井名誉教授は、「微量元素をもっととらないといけない」と強調しています。

地球には118種の元素が存在しています。私たちの生命体に害をおよぼすものもありますが、益になるものもあります。害は、量的な問題ととらえられています。多すぎるとよくなく、害がもたらされることになります。

体内で合成されないので、食物から取り入れなければなりませんが、人為的に合成したものをとると体に害になり、病気がもたらされるという問題があります。天然物から摂取し、補っていくことに努めることが必要です。

天然ケイ酸は、微量の範囲でしかなく、一般的には多くの場合、元素のケイ素のことと解釈されます。ヒトの健康に対して無害あるいは高濃度になるまで有害性がないのが天然ケイ酸ミネラルコロイドの性質です。

●「天然ケイ酸ミネラル」で体が浄化され、血液がきれいになる

「天然ケイ酸ミネラル」は陰電荷の高いコロイド粒子であるため、他の元素を共有しています。

体内が浄化されているかどうかを知るために、もっとも簡単、端的にわかりやすい指標は血液検査であるといえるでしょう。

「天然ケイ酸ミネラル」を飲用するようになって、血液検査の結果にどのような変化があったのでしようか。以下、実際の例を紹介します。

① 現在82歳の夫と78歳の妻

夫の血液検査表を見ると、ケイ酸を飲むようになる前の令和元年5月は、中性脂肪、尿酸、血糖値が標準より高い数値を示しています。

当時、身長1m70cm、体重78kgで、メタボリックシンドロームと診断されていました。血圧は、140～150mmHgでした。お酒は、量は多くないですが、晩酌は欠かしたことはありませんでした。実はその2年前の平成29年に心臓を患い、ペースメーカーを埋め込む手術を受けています。現在、高血圧と狭心症の治療薬に加え、脊椎管狭窄症の薬も服用しています。

令和元年8月からケイ酸を飲み始め、1年後から現在までのものです。ちなみに、標準値は、中性脂肪が50～149mg/dL、尿酸が3.7～7.0mg/dL(男性)、血糖が70～109mg/dLです。

現在ではすべての項目が標準範囲におさまったことに驚かされます。一番の変化は中性脂肪で、150mg/dLから53mg/dLへと大きく減少しました。尿酸は7.2mg/dLから5.7mg/dLへ、血糖は127mg/dLから90mg/dLへ下がっています。過去1～2か月の血糖値の平均を示すHbA1cは5.4%で、標準範囲（標準値＝4.6～6.2%）におさまっています。

この他、善玉コレステロール（ＨＤＬ）と悪玉コレステロール（ＬＤＬ）の比率も2.0で理想的です。この男性は、「天然ケイ酸ミネラル」の以外に健康のために何か特別なことをしたわけではないとのこと。血液検査数値の変化は、「天然ケイ酸ミネラル」の飲用によって体内が浄化された結果とみてよいでしょう。

現在、コレステロール値と血糖に注意しながら、健康な日々が過ごせていると、感謝の意を表してくれました。

一方、妻も令和元年６月頃から「天然ケイ酸ミネラル」を飲用しはじめました。令和４年５月には、調べた項目のすべてが正常値でした。現在、中性脂肪とLDLの数値が高く、そのため毎日歩くように努めているそうです。

「天然ケイ酸ミネラル」飲用歴５年：男性（82歳）　血液検査

検査項目	基準範囲（単位）	測定値　・○基準内・△注意・×オーバー									
検査年R/月	年齢78～82歳	R1/5（78歳）		R2/9（79歳）		R3/8（80歳）		R4/7（81歳）		R5/7（82歳）	
血清総蛋白	6.6～8.0 g/dL	6.6	○								
アルブミン	4.0 g/dL以上	4.1	○								
ALP	38～113 U/L	159	×								
AST（GOT）	9～38 U/L	18	○	25	○	19	○	21	○	19	○
ALT（GPT）	5～39 U/L	12	○	16	○	11	○	11	○	14	○
ＬＤ（LDH）	230 U/L未満	225	○								
γ-GT（γ-GTP）	84U/L以下	31	○	26	○	27	○	26	○	32	○
コリンエステラーゼ	213～501 U/L	359	○								
ＣＫ（CPK）	40～220 U/L	111	○								
中性脂肪	50～149 mg/dL	150	△	53	○	52	○	77	○	62	○
HDLコレステロール	40～85 mg/dL	71	○	69	○	69	○	60	○	66	○
LDLコレステロール	70～139 mg/dL	131	○	135	○	122	○	139	○	152	△
尿素窒素	8～20 mg/dL	19.3	○								
クレアチニン	0.6～1.1 mg/dL	0.89	○	0.84	○	0.86	○	0.95	○	0.89	○

推算 GFRcreat	60 未満に注意	63.1	○	67.0	○	65.1	○	58.1	△	62.2	○
尿酸	3.4 ～ 7.0 mg/dL	7.2	×	5.7	○	6.9	○	6.8	○	6.4	○
ナトリウム	135 ～ 147 mEq/L	143	○								
カルシウム	8.6 ～ 10.1 mg/dL	8.6	○								
クロール	96 ～ 110 mEq/L	103	○								
血糖	60 ～ 109 mg/dL	127	×	90				86	○	112	△
HbA1C (NGSP)	4.6 ～ 6.2%	高値	×	5.4	○	5.6	○	5.6	○		
白血球数	39 ～ 98/ μ L・10^2	56	○					54	○		
赤血球数	400 ～ 560/ μ L・10^4	455	○					450	○		
ヘモグロビン	13.0 ～ 16.6 g/dL	15.2	○					14.4	○		
ヘマトクリット	39.0 ～ 51.0 %	45.7	○					44.6	○		
血小板数	13 ～ 35/ μ L・10^4	19.0	○					20.8	○		
LDL/HDL 比	2.0 以下	1.6	○	2.0	○			2.3	△	2.3	△
PSA・CLIA	4.0 以下	1.8	○	0.26				0.27	○	0.25	○
CEA 精密	5.0 以下	0.5	○					0.5	○		

「天然ケイ酸ミネラル」飲用歴５年：女性（78 歳）　血液検査

検査項目	基準範囲（単位）	測定値　・○基準内・△注意・×オーバー					
検査年 R/ 月	年齢 74 ～ 78 歳	R1/10		R4/5		R5/9	
血清総蛋白	6.5 ～ 8.3g/dL	7.0	○				
アルブミン	3.8 ～ 5.3 g/dL	3.6	×				
ALP	38 ～ 113 U/L	183	×				
AST（GOT）	8 ～ 38 U/L	22	○	23	○	19	○
ALT（GPT）	4 ～ 43 U/L	16	○	12	○	13	○
L D（LDH）	230 U/L 未満	188	○				
y-GT（y-GTP）	48U/L 以下	25	○	18	○	28	○
中性脂肪	30 ～ 149 mg/dL	270	×	79	○	270	×
HDL コレステロール	40 ～ 90 mg/dL	36	×	57	○	46	○
LDL コレステロール	70 ～ 139 mg/dL	131	○	97	○	151	×
尿素窒素	8 ～ 20 mg/dL	26.3	×				
クレアチニン	0.47 ～ 0.79 mg/dL	0.54	○	0.49	○	0.63	○

推算 GFRcreat	60 以上	82.4	○	89.9	○	68.1	○
尿酸	2.3 ～ 7.0 mg/dL	6.1	○	5.8	○	6.3	○
ナトリウム	135 ～ 150 mEq/L	141	○				
カルシウム	8.4 ～ 10.2 mg/dL	8.7	○				
クロール	98 ～ 110 mEq/L	105	○				
血糖	60 ～ 109 mg/dL	99	○	87	○	94	○
白血球数	39 ～ 98/ μ L・10^2	56	○	48	○		
赤血球数	400 ～ 560/ μ L・10^4	455	○	412	○		
ヘモグロビン	13.0 ～ 16.6 g/dL	15.2	○	13.1	○		
ヘマトクリット	39.0 ～ 51.0 %	45.7	○	39	○		
血小板数	13 ～ 35/ μ L・10^4	19.0	○	19.9	○		
LDL/HDL 比	1.1 ～ 2.3	1.1	○	1.7	○		

備考：検査した年によって検査項目に違いがあるのは転院したためです。

②「天然ケイ酸ミネラル」 飲用歴５か月 女性（72 歳）

私の 30 年来の友人の奥様が多発性骨髄腫の治療を 3 年前（ステージ 4）から受け、入退院をくり返しながら過ごしていました。そのことを知ったのが今年 6 月の初めで、経過と状況を聞いてから「天然ケイ酸ミネラル」を薦めました。奥様は早速、6 月 8 日から飲むようになりました。

夫は家庭菜園をしています。その後、収穫物を頂戴し 2 度ばかりお会いし、そのたびに健康状況をそれとなくお聞きしていました。

その後、11 月 11 月に夫から電話があり、10 月末頃に「多発性骨髄腫」の経過観察のため、愛知県下の血液内科に入院したと教えられました。夫によると、担当の医師は名医で高い信頼のある指導医だそうです。

治療は化学療法の「サリドマイド」で、そのため夫は容態を看つつ血液検査の「白血球」の動向を把握されていたとのこと。他方、奥様は病室テーブルに「天然ケイ酸ミネラル」が医師にも見えるように置き、ミネラルウォーターに 3 滴を滴下して飲んでいました。医師に対しては、「喉の渇きを潤すために飲むようにしている」と説明したそうです。医師はボトルを見て、濃縮ケイ酸に理解を示したのでしょうか、10滴をコップ滴下するよう助言してくれたようです。奥様が病室に持ち込んだ飲料品は「天然ケイ酸ミネラル」だけです。

11月11日、医師の笑顔に見送られて退院しましたが、最後の血液検査は、「白血球75/μL・10^2」と伝えられました。免疫が正常に回復し、過剰な炎症反応が起きていない証拠でしょう。

本人は、「天然ケイ酸ミネラル」で体が楽になるのを実感しているそうです。退院当日、以上の報告の電話があり、お礼の言葉を述べていただきました。

③「天然ケイ酸ミネラル」飲用歴３か月　男性（75歳）　血液検査

病歴：2012年4月／腹部大動脈瘤
2016年11月／大腸がん
2018年7月／糖尿病
2023年4月／脳梗塞

以後はすべてクリア。後遺症はありません。「天然濃縮シリカ」飲用をはじめて3か月経過（2023・8/6～）で、白血球数基準範囲（単位）35～97/μL・10^2：99.9から90.8に低下。

尿酸（UA）基準範囲（単位）3.6～7.0 mg/dL：8.6から7.6に低下。

尿酸および白血球数の安定は、ケイ酸飲用事例の免疫改善に共通する傾向です。

尿酸値が高いと痛風や尿路結石、腎臓病などの疾患を引き起こすリスクが高まるそうです。この男性の尿酸値の変化は、少なくとも改善する傾向とみて良いでしょう。

検査項目	基準範囲（単位）				
検査年 R/ 月 / 日	年齢 74 ～ 75 歳	R5/8/3		R5/11/13	
AST（GOT）	10 ～ 40 U/L	25	○	28	○
ALT（GPT）	5 ～ 45 U/L	18	○	24	○
y-GT（y-GTP）	79 U/L 以下	31	○	31	○
中性脂肪	50 ～ 149 mg/dL	162	△		
HDL コレステロール	40 ～ 80 mg/dL	34	△		
LDL コレステロール	70 ～ 139 mg/dL	97	○		
クレアチニン	0.6 ～ 1.1 mg/dL	1.07	○	0.99	○
尿酸（UA）	3.6 ～ 7.0 mg/dL	8.6	×	7.6	△
塩素（Cl）	98 ～ 108 mmol/L	103	○		
カリウム（K）	3.5 ～ 5.0 mmol/L	4.0	○		
カルシウム（Ca）	8.6 ～ 10.2 mg/dL				
血糖（空腹時）	70 ～ 109 mg/dL	135	△		
HbA1c	4.6 ～ 6.2%	7.2	△		
赤血球数	438 ～ 577/ μL・10^4	438	○	437	○
血色素量	13.6 ～ 18.3 g/dL	13.5	○	13.7	○
ヘマトクリット	40.4 ～ 51.9 %	40.8	○	41.2	○
血小板数	14 ～ 37.9/ μL・10^4	16.7	○	16.1	○
MCV	83 ～ 101 FL	93	○	94	○
MCH	28.2 ～ 34.7pg	30.8	○	31.4	○
MCHC	31.8 ～ 36.4%	33.1	○	33.3	○
白血球数	35 ～ 97/ μL・10^2	99.9	△	90.8	○
CEA/CLIA	5.0 ng/mL 以下			2.1	○
CA19-9/CLIA	37.0U/mL 以下			15.6	○

④「天然ケイ酸ミネラル」飲用歴５年：男性（76 歳）血液検査

「天然ケイ酸ミネラル」飲用歴５年です。中性脂肪は年ごとに低下傾向にあります。尿酸値および白血球数は、基準範囲（単位）になっていますが、医師の診断では運動不足が指摘されているようです。

備考：新型コロナウイルスのワクチン接種はしていないし、新型コロナに感染したこともない健康体です。

検査項目	基準範囲（単位）								
検査年 R/月/日	年齢74～76歳	R3/8/10		R4/3/28		R5/5/6		5/10/26	
総ビリルビン（肝臓）	0.2～1.2mg/dL	0.5	○	0.6	○	0.6	○	0.6	○
ALP（IFCC）	38～113 U/L	63	○	73	○	77	○	73	○
AST（GOT）	9～38 U/L	36	○	37	○	33	○	41	△
ALT（GPT）	5～39 U/L	43	△	40	△	33	○	41	△
γ-GT（γ-GTP）	84 U/L以下	35	○	44	○	30	○	33	○
アミラーゼ	37～124 U/L	160	×	172	×	151	×	137	△
リパーゼ	15～57 U/L	31	○			31	○	33	○
CK（CPK）	40～220 U/L	127	○	130	○	137	○	173	○
総コレステロール	150～219mg/dL	146	△	157	○	152	○	168	○
中性脂肪	50～149 mg/dL	345	×	223	×	222	×	210	△
HDL コレステロール	40～85 mg/dL	35	△	46	○	40	○	38	△
LDL コレステロール	70～139 mg/dL	70	○	77	○	82	○	98	○
計算法LDL-ch	140未満mg/dL	42	○	66	○	68	○	88	○
尿素窒素	8～20 mg/dL	17.3	○	20.6	△	18.9	○	16.1	○
クレアチニン	0.6～1.1 mg/dL	0.77	○	0.76	○	0.8	○	0.82	○
尿酸（UA）	3.4～7.0 mg/dL	6.6	○	7.2	△	7.3	△	6.8	○
ナトリウム（Na）	135～147 mmol/L	142	○	141	○	143	○	142	○
塩素（Cl）	96～110 mmol/L	104	○	101	○	105	○	103	○
カリウム（K）	3.6～5.0 mmol/L	3.9	○	4.8	○	4.2	○	4.2	○
カルシウム（Ca）	8.6～10.1 mg/dL					8.8	○	8.8	○
赤血球数	400～560/μL・10^4	405	○	428	○	404	○	424	○
血色素量	13.0～17.0 g/dL	14.4	○	14.5	○	14.3	○	14.5	○
ヘマトクリット	39.0～51.0％	41.1	○	42.7	○	43.0	○	44.0	○
血小板数	13～35/μL・10^4	20.2	○	23.1	○	22.2	○	23.5	○
白血球数	39～98/μL・10^2	75	○	68	○	77	○	77	○

好中球	40.0 ～ 70.0 %	46.3	○	54.9	○	54.4	○	58.5	○
好酸球	0.0 ～ 8.0 %	4.4	○	1.6	○	1.4	○	2.7	○
好塩基球	0.0 ～ 2.0 %	0.7	○	0.4	○	0.4	○	0.6	○
リンパ球	20.0 ～ 57.0 %	40.5	○	33.1	○	36.3	○	30.2	○
単球	2.0 ～ 9.0 %	8.1	○	10	△	7.5	○	8.0	○
non-HDL-C	90 ～ 149mg/dL	111	○	111	○	112	○	130	○
eGFRcreat	60mL/min/1.73m^2 以上	75.1	○	76.2	○	71.7	○	69.5	○
トリプシン	100 ～ 559ng/mL	471	○					525	○
膵 PLA2	130 ～ 400ng/mL	297	○					391	○
B2-MG 精密	0.9 ～ 2.0mg/L	2.2	△					2.4	△
CEA	5.0 ng/mL 以下							3.9	○

以上、5人の血液検査の変化から、「天然ケイ酸ミネラル」には体を浄化し、血液をきれいにする作用があるといえるのではないでしょうか。その客観的評価については、171ページの薬剤師・脇園英右先生の寄稿を参照してください。

●有害物質から腎臓を守ってくれる「天然ケイ酸ミネラル」

浄化作用は血液検査で明らかに

薬剤師　脇園英右（わきぞの薬局）

最近、腎臓のトラブルが多く報告されるようになりました。体の寿命より先に腎臓の機能が低下して、命に関わる状態になってしまう人がいます。人工透析に至るまでの健康管理に問題があるのです。

そこで、「天然ケイ酸ミネラル」の飲用習慣で命を守ることを提案します。体重50kgの人は、毎日5ccを飲用する習慣をおすすめします。

ケイ酸は、生体膜輸送システムのトランスポーター（輸送体）と言われ、生体膜内外の物質（栄養素・薬物・毒物など）の運搬を行う作用で知られており、体の水分の流れと深く関係しています。

この作用、アクアポリンを介したミクロな流れと健康・病気との関係は、まだほとんど解明されていませんが、アクアポリンは頭のてっぺんから足の指先まで、ほぼすべての細胞がもっています。しかも13種類もあり、そのいくつかがひとつの細胞にあることもあり、水の出入りはかなり緻密にコントロールされていることがわかります。

私たちが健やかに生きていくためには、血流やリンパの流れだけでなく、アクアポリンを通過するケイ酸コロイド（SiO_4）に改質した軟水の服用がとても重要なのです。

このことは、「天然ケイ酸ミネラル」の飲用を続けた人の血液に反映されています。

〜「天然ケイ酸ミネラル」 飲用効果事例より〜

＜白血球数：39〜98/ μ L・10^2＞　どの人も基準範囲内で安定

５名の血液検査及び報告から、「天然ケイ酸ミネラル」を継続して飲んでいる人たちは、白血球数が基準範囲内で安定していることがわかります。

白血球は血液細胞のひとつで、体を細菌やウイルスなどの異物から守る免疫機能を持ちます。感染症（肺炎や虫垂炎など）や血液疾患（白血病や再生不良性貧血など）の病気があると、白血球の数が多くなったり少なくなったりします。血液検査で白血球の数が異常値でないかどうかを確認することは、病気の発見・特定にもつながる大切なことです。

＜尿酸(UA)：基準範囲内 3.4 〜 7.0 mg/dL ＞　改善傾向

現代医学では、尿酸値が高いと痛風や尿路結石、腎臓病などの疾患を引き起こすリスクが高まると説明されています。少なくとも、「天然ケイ酸ミネラル」を飲用すると尿酸値が改善する傾向があるとみて良いでしょう。

＜中性脂肪：50 〜 149 mg/dL ＞　低下傾向

中性脂肪（トリグリセリド）の基準は 30 〜 149 mg/dL です。値がこの数値の範囲にある場合は正常だと言えます。ちなみに LDL コレステロールは 140mg/dl 未満、HDL コレステロールは 40mg/dl 以上が正常範囲です。中性脂肪の値が 300mg/dl 以上の場合は虚血性心疾患のリスクが高くなります。

「天然ケイ酸ミネラル」は、飲み始めたらすぐ明日、明後日に効果があるという性質のものではありません。半年、1 年、2 年、3 年と飲み続けて、効果が現れるものであると、私は解釈しています。言い換えると、身体を内からつくりかえ、健康を取り戻すものだといえるでしょう。

●ケイ酸の次世代活用法　体にまとう「天然ケイ酸ミネラル」
なごみ整骨院 院長 此本 崇
(SAMURAI MOVE GEAR 企画開発)

「天然ケイ酸ミネラル」は当社の製品【SAMURAI MOVE GEAR】に使用しています。SiO_4 なしではこの製品は開発できませんでした。

まず、可溶性 SiO_4 に固有振動数を１秒間に１兆回与え、身体にどの様な良い影響を与えるのかを検証に検証を重ねてきました。当然ですが、私も SiO_4 を飲用しています。実際に感じることですが、飲むと身体の調子が良いです。

免疫力が上がったのか、飲み始めて風邪をひく回数がかなり減りました。というよりも、ひかなくなりました。また冒頭記述の「着るだけで体の機能が向上するトレーニングウェア「SAMURAI MOVE GEAR」は５年前から販売しています。

さらには、日本人の少子高齢化の改善に少しでも力になれたらと、妊活できる製品の開発を進めています。第三者機関での試験でも驚くべき結果がでています。

ところで、「天然ケイ酸ミネラル」の名称はまだまだ世の中に浸透していないと思います。

けれど、これからは SiO_4 の時代がきます。人体を構成する細胞の形を作るもの、それが「天然ケイ酸ミネラル」であり、現代人が不足して補う必要があるので飲用をお勧めいたします。

以下の分析は、SiO_4 溶液（粒子濃度基準を満たしているもの）への振動結果の証明です。

「可溶性ケイ酸 SiO_4 と、トランスポーター（恒常性作用）が原点となるもの」 分析者：廣見　勉

SiO_4の固有振動数の比較

１秒間に１兆回のSiO_4液への振動数は、

与えなかった物性

粒子数：8.63億個/ml（10^{-8}）

ナノサイズピーク値：106nm

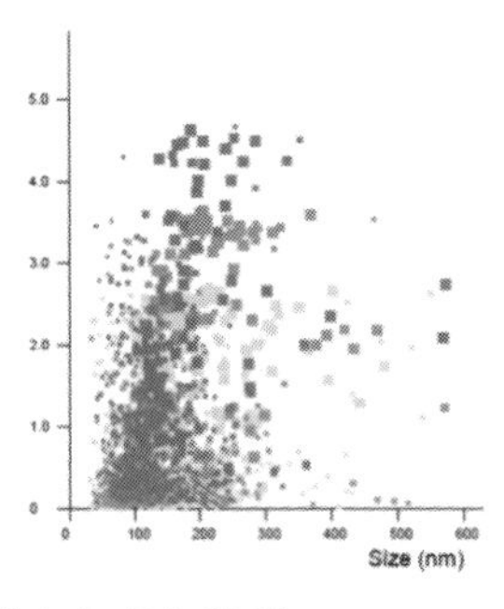

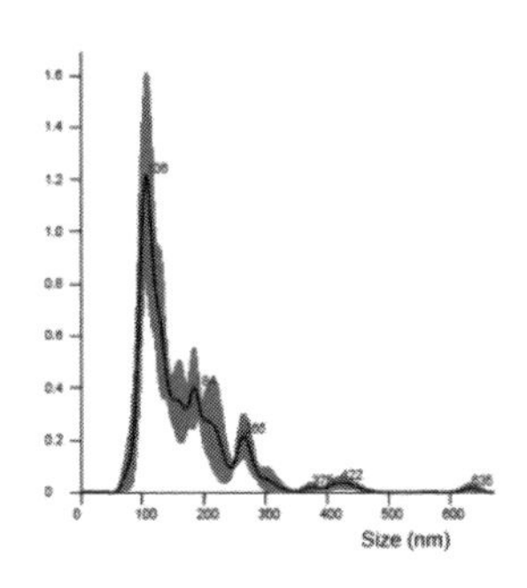

振動を与えた物性

粒子数：11.5億個/ml（10^{-8}）　　→密度が高くなっている。

ナノサイズピーク値：74nm　　→微細化が促進している。

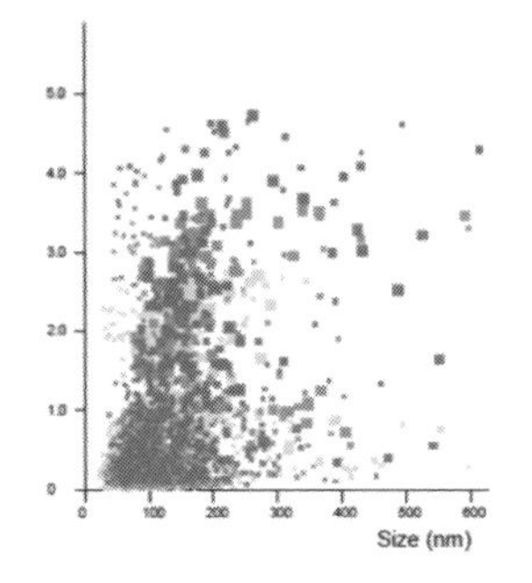

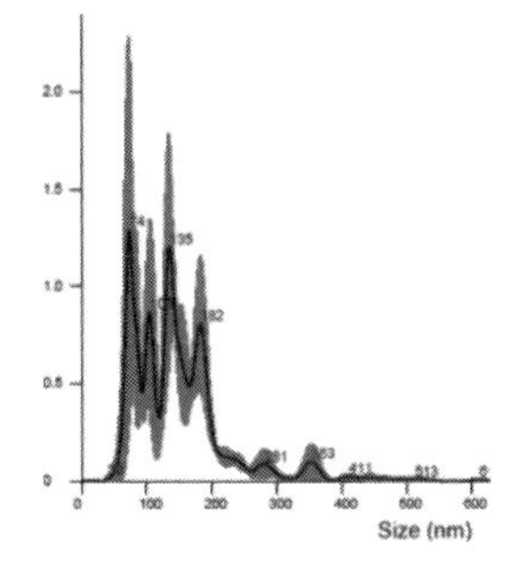

◆解説

同一の「天然ケイ酸ミネラル」であっても、固有振動を与えた結果、粒径の微細化が促進し粒子数が増大します。これはSiO_4がキャリアーとして腸内吸収を改善し、ヒトの代謝作用と免疫作用に大きく貢献することを示しています。（特許出願中）

おわりに

●「天然ケイ酸ミネラル」の開発の背景に人との出会いとご縁があった！

50年前から水処理技術とオゾンの研究に携わってきました。温泉や井戸水を利用した給水装置の配管の内部には、スケールと呼ばれるケイ素などのミネラルの垢がたまります。その垢を除去する方法として、オゾンを利用するシステムを開発しました。また、東京ドームのロイヤル貴賓室の感染対策として、オゾンを用いる殺菌装置を構築し、その技術を基に冷蔵庫用脱臭器を商品化し、病院や介護施設などの殺菌脱臭器も開発しました。

そして、配管のスケールを除去する技術の開発に携わったことから、私の関心はケイ酸へと広がっていきます。さらには、導かれるように、大分県竹田市の長湯温泉の「飲む温泉」と出会い、ついには温泉水に含まれるメタケイ酸を「天然ケイ酸ミネラル」に改質する方法を開発しました。

以上が私の50年に及ぶ研究開発人生の大まかな流れです。本文で現在に至る経過を説明しましたが、実はその背景にはさまざまな人との出会い、巡り合い、邂逅があり、ご縁をいただきました。水処理の専門家が農業資材としてのケイ酸の研究に転進した背景にも、人との出会いとご縁がありました。

2018年9月7日、私は「天然ケイ酸ミネラル」を用いて研究栽培した成果の1つ、大分県の代表林産品のしいたけを手土産に持参し、長湯温泉の大丸旅館に投宿しました。しいたけは乾燥させるとうま味が増しますが、収穫直後のしいたけをケイ酸液に浸漬すると、ひとしおうま味が増した、香り豊かなとてもおいしい乾燥しいたけに仕上がります。

大丸旅館は長湯温泉で有名な旅館で、ここは私とともに「天然ケイ酸ミネラル」の普及に努めている山中雅寛さんの母堂・千鶴子さんにとっても、亡き夫の温泉治療で1か月にわたり滞在した思い出の地でもありま

す。（後述）

竹田市では当時、地方創生拠点整備交付金を活用した「クアパーク長湯」建築計画の最中にあり、市長はその実現に向けて奔走していました。この施設にコテージとレストラン設立の計画（経営者：（株）ホットタブレット炭酸泉、東京都八王寺市）があり、レストランの料理長をはじめ、スタッフを探していました。

「料理長として任せられる人を求めています。どなたか適任の人がいないものでしょうか」との市長の言葉に、私はすぐ籾木武さんのことが頭に浮かびました。籾木さんは東京・六本木ヒルズの中華料理店（六本木ヒルズ森タワー51階「スターアニス」）で修行し、当時は別府で中華「パンヤオ（朋友）」をオーナーシェフとして経営していました。クアハウスの料理長にまさに適任ではないかと思った私は、その場で、こういう人がいると申し出ました。

この時の話が発端で、市は彼を正式に招請しました。彼は応じ、別府の自店舗を閉店し、クアハウス内のレストランの料理長に転じました。

ところで、私と籾木さんの出会いには、私が信頼する大企業の研究所との出会いと、私との共同研究とその所産が介在していました。大企業と私の研究所産とは、（株）関電工・技術研究所と連携した「温泉熱源のバイナリー発電における冷却水の配管内ケイ素の付着防止と発電効率の改善」です。その後、機能水応用の開発の舞台は竹田市の長湯温泉でした。

この技術の特許は成立しましたが、電源エネルギーの変遷とともに具現化の明確なスケジュールには現在まで至っていません。

ところが、このバイナリー発電施設開発当時の管理責任者・是永観氏のアドバイスを受けて、私はその技術の「農業資材」への活用転用を図り、「天然ケイ酸ミネラル」の開発に至ったのです。2017年11月、「毎日農業記録賞」の優良賞を私を含めた３名が受賞しましたが、写真（５章に掲載）の３人のうちの１人、富松龍二さんは、是永氏の紹介がご縁でつき合いが始まった圃場、富松ファームの経営者です。また写真のもう１人、泉敬介さんが（株）関電工・技術研究所の研究実施責任者です。

バイナリー発電開発のさなか、私や（株）関電工の人たちの別府での宿泊場所の近くに、籾木さんのお店、食事処「パンヤオ」があって、私たちはたびたびここに食事に行き、籾木さんと知り合いになりました。親しくなって、籾木さんが、食と農と料理、そして健康に総合的に取り組みたいという夢と構想を持っていることを知りました。彼の実家はしいたけ栽培農家です。

「天然ケイ酸ミネラル」開発と活用と発展の原点はここから始まったのです。そして、関電工と共同で長湯温泉の温泉水を改質して「天然ケイ酸ミネラル」をつくり出すシステムの開発に至りました。そのケイ酸水を農業資材として活用する活動を、まず籾木さんが始めたのです。

実は、市長との面談に持参したしいたけは、籾木さんの父、籾木誠治氏が育てたものだったのです。

籾木さんは、クアハウスの運営を続けるかたわら、合同会社おづる四季の郷を設立し、「天然ケイ酸ミネラル」を使用したしいたけの栽培（誠治さん）と料理（武さん）を手がけるようになっていました。籾木さんはクアハウスのレストランの運営に４年間携わった後、職を辞しました。2024年７月には、しいたけ栽培と、しいたけなどを使った料理を提供する「お食事処・田北（たきた）」と、乾燥しいたけや「天然ケイ酸ミネラル」商材を販売するサテライトをオープンする予定です。

以上、駆け足で来し方を振り返りましたが、これまでご縁をいただいた皆さまに感謝するとともに、新たなご縁が生まれることを祈っております。

●太田道雄教授の研究所産に導かれて

私がケイ酸の開発と研究にのめり込むきっかけは、太田道雄教授翻訳の『珪酸と珪酸塩のコロイド化学（The Colloid Chemistry of Sillicate)』の存在を知り、翻訳資料も入手でき、感銘を受けたことです。

本文で紹介しましたが、1950年（昭和25）に群馬大学に赴任した太田教授は、実地研究を行って世界で初めてケイ酸の肥料効果を明らかにしました。

この本はケイ酸に関する貴重な文献で、1955年にドイツで出版されました。著者はラルフ・K・アイラーという人で、日本で翻訳版が出版されましたが、翻訳の仕上げの総監修をされたのも太田教授でした。太田教授の著書ではありませんが、私はこの本は太田教授の研究所産であると思っています。この本の9章に次のような記述があります。

> 珪素が植物の代謝に果たす役割を多くの研究者達が認めているが、なおこれらの問題は植物生化学、植物生理学の教科や論文では一般に黙殺されている現状がある。この問題はせいぜい数語で説明されているに過ぎない。そこで文献に載っている実験成績が広く散在している事実を明らかにし、これを一般化して理論的に統括することは非常に重要なことである。更に多くの問題が残されており、これらをすべて解決するまでには程遠いということである。
>
> そして「珪酸有機化学」と「珪酸治療学」を出来るだけ早く発展させる必要性を書きたかったのである。

『珪酸と珪酸塩のコロイド化学 (The Colloid Chemistry of Silicate)』1955年
第9章「生きている微生物中の珪酸（Silica in Living organisms）」からの抜粋
1979年12月　太田 道雄　訳

「ケイ酸農法」は恒久的に持続する農業の在り方であり、多様な事例を組み合わせることで実現します。事は農業だけに留まらず、清涼飲料、食品加工、ペットフード、ヒトの健康（免疫）などに関わる、横断的な思想にまで発展します。「天然ケイ酸ミネラル」活用は、人間の生活のすべてに共有する普遍な方法だと言えるでしょう。

本書では、50年間閉ざされたケイ酸科学を復活させ、数年に及ぶケイ酸農法実践の事例を挙げ、ケイ酸農法による効果を具体的に提示しています。また、飲用による血液検査も取り上げ、健康への効果を示しています。

しかし、1人ひとりの状況に合わせてオーダーメードする必要があります。本書を一読することで、手づくりの農業の楽しさやロマンが感じられるでしょう。

先述した山中雅寛さんとお母さん・千鶴子さんには、このケイ酸研究のスタートから関与をしていただきました。ケイ酸を利用した農業の構築、健康飲用への発展という共通の目標に向かって進む中、住いの広島県三次市を手始めとして山中さんの知人が私の講演会を主催してくださいました。

山中さんは、令和4年（2022）4月13日に2020年の日本国際賞（生命科学）授賞式のために来日していた、スウェーデンのスバンテ・ペーボ博士（ドイツ・マックス・プランク進化人類学研究所教授）に会い、「天然ケイ酸ミネラル」を直接教授に紹介し、説明しています。

同年10月4日にペーボ博士はノーベル医学生理学賞を受賞されました。山中さんは、ペーボ博士との出会いを次のように述べています。

2022年度ノーベル賞受賞のペーボ博士との出会いは、水の研究者である著者との縁でもあります。広島県三次市吉舎町にある西光禅寺、檀上宗謙住職との水の研究でご縁をいただいていましたが、檀上住職はペーボ博士とは25年来の友人でした。

私は、ケイ素・ケイ酸・シリカに関して、文献（初期研究の資料提供者に謝意）に載っている実験成績と広く散在している事実を明らかにし、一般化して理論的に統一することが非常に重要であると考え、このたび本書を出版するに至りました。

太田教授の思いに添って本文で述べましたが、ケイ酸有機化学とケイ酸治療学（健康学）をできるだけ早く発展させる必要性を切実に感じております。

分析によってケイ酸コロイド粒子が量子サイズ領域にあることが確認できれば、効果が明確にあるといえます。また、飲用による効果は、血液検査で生化学的変化に表れます。

これについては、数名の血液検査のデータを本文に紹介しています。農業資材として、健康増進の素材として、今後も天然ケイ酸ミネラルの普及のために活動し続けたいと思っています。

その発展を祈念しつつ……いったん筆を擱くことにします。

2024年5月16日

京都オフィスにて　　廣見　勉

【著者紹介】 廣見　勉（ひろみ　つとむ）

1970年、近畿大学法学部法律学科卒業。
1976年、ロサンゼルス大学博士課程修了。博士（工学）。
日本医療・環境オゾン学会会員。日本バイオスティミュラント協議会会員。
『月刊　食品流通技術』（流通システム研究センター　1990年）に編者として参加。「空気蘇生化技術」（『オゾン利用の新技術』 サンユー書房　1993年）を執筆。
1989年、松下電池工業（株）乾電池式冷蔵庫脱臭器「ダッシュクリーン」開発。1995年、多元素共有ミネラルと微生物活性の研究。1998年、院内感染防止のための天井埋め込みタイプ空気殺菌浄化機の開発。　2000年、オゾン・マイクロバブル混和による農薬廃液の処理研究。2004年、豚の糞尿処理施設建設の指導。他、講演多数。

連絡先
t-hiromi@kyoto-ozone.com

装丁
ingectar-e

実はケイ酸がすごい

2024年6月30日　　第1版第1刷発行

著　者　　廣見　勉

発行者　高　橋　　考
発行所　三　和　書　籍
〒112-0013 東京都文京区音羽2-2-2
TEL 03-5395-4630　FAX 03-5395-4632
info@sanwa-co.com
https://www.sanwa-co.com
印刷・製本／中央精版印刷株式会社

ISBN 978-4-86251-531-5

好評発売中

Sanwa co.,Ltd.

安保徹の免疫学講義

安保 徹 著

B5 判／並製／ 245 頁　本体 6,500 円 + 税

●著者が新潟大学で実際に担った講義の講義テキスト。免疫学を体系的に網羅している。今までの免疫学の教科書では、アレルギー疾患や自己免疫疾患や腫瘍免疫学の分野に弱点があり、臨床の先生方に新しい知見を伝えていないという問題もある。実際、医療の現場で免疫学者の考えが役立ち、これらの病気が治っているということはあまりない。この本が、臨床に少しでも役立つ免疫学を提示できていれば幸いである。

自律神経と免疫の法則

体調と免疫のメカニズム

安保 徹 著

B5 判／並製／ 234 頁　本体 6,500 円 + 税

●多くの病気はストレスを受けて免疫抑制状態になって発症するが、ストレスをもっとも早く感知するのは免疫系である。末梢血のリンパ球比率やリンパ球総数は敏感にストレスに反応している。しかし、ストレスとリンパ球数の相関を教育現場で学ぶことは少ない。本書は、リンパ球数 / 顆粒球数が多くの病気の発症メカニズムに関わっていることを詳細に説明するとともに、消炎鎮痛剤の害やそのほかの薬剤の副作用についても解説している。特に自己免疫疾患の治療においては、本書の知識が大いに役立つはずである。

安保徹の原著論文を読む

ー膠原病、炎症性腸疾患、がんの発症メカニズムの解明ー

安保 徹 著

B5 判／並製／ 470 頁　本体 6,500 円 + 税

●病気発症メカニズムをさらに詳細に追求した 23 の論文からなる論文集。「ストレスの正体」や「ガンの発症メカニズム」も現象の理解をかさねることで解明できた。descriptive study の本当の威力をこの論文集で学んでほしいと思う。